U0353909

"宁夏矿井防治水技术研究人才小高地"项目资助

强富水弱胶结复合含水层下
掘进巷道水害防治技术及应用

王占银 赵宝峰 翟文 顾怀红 黄忠正 宗伟琴 马莲净／著

中国矿业大学出版社

·徐州·

内 容 提 要

本书以宁东煤田麦垛山煤矿 2 煤层掘进巷道为研究对象,开展了强富水弱胶结复合含水层下巷道掘进防治水关键技术研发,通过将研究成果在现场及周边矿井进行推广应用,实现了强富水、弱胶结、大厚度、复合含水层条件下巷道的安全掘进。

本书可供相关专业的研究人员借鉴、参考,也可供广大教师教学和学生学习使用。

图书在版编目(C I P)数据

强富水弱胶结复合含水层下掘进巷道水害防治技术及
应用/王占银等著.—徐州:中国矿业大学出版社,
2022.8

ISBN 978 - 7 - 5646 - 5532 - 7

Ⅰ.①强… Ⅱ.①王… Ⅲ.①巷道掘进—矿山防水—
研究 Ⅳ.①TD263.2②TD745

中国版本图书馆 CIP 数据核字(2022)第 151745 号

书 名	强富水弱胶结复合含水层下掘进巷道水害防治技术及应用
著 者	王占银 赵宝峰 翟 文 顾怀红 黄忠正 宗伟琴 马莲净
责任编辑	何晓明 何 戈
出版发行	中国矿业大学出版社有限责任公司
	(江苏省徐州市解放南路 邮编 221008)
营销热线	(0516)83884103 83885105
出版服务	(0516)83995789 83884920
网 址	http://www.cumtp.com E-mail:cumtpvip@cumtp.com
印 刷	苏州市古得堡数码印刷有限公司
开 本	787 mm×1092 mm 1/16 印张 17.75 字数 328 千字
版次印次	2022 年 8 月第 1 版 2022 年 8 月第 1 次印刷
定 价	69.00 元

(图书出现印装质量问题,本社负责调换)

前　言

我国西部侏罗纪煤炭资源储量占全国总储量的 60% 以上,随着我国煤炭生产重点逐步向西部转移,煤炭在国民经济建设中的地位日益重要,矿井的安全生产成为国家能源供给的重要保障。由于侏罗纪煤田浅部煤层顶板普遍存在基岩裂隙含水层和松散孔隙含水层,在大规模机械化高强度的采掘条件下,当采掘工作面的破坏范围波及上覆含水层时,往往会发生顶板水害事故。根据统计资料,掘进巷道是重大水害事故发生的主要地点,约占总事故的 80%。2010 年,骆驼山煤矿 16 煤层回风大巷和王家岭煤矿 101 回风巷掘进时发生了水害事故,分别造成 32 人和 38 人遇难。因此,掘进巷道是矿井水害防治的重点区域。

宁东煤田主采侏罗系煤层,浅部煤层顶板通常赋存强富水弱胶结含水层。麦垛山煤矿 2 煤层大巷在掘进过程中发生过 5 次水害及溃砂事故,其中最大突水量达 1 000 m^3/h,溃砂量达 3 000 m^3;红柳煤矿 2 煤层大巷掘进揭露断层,发生溃水溃砂;金凤煤矿 011802 工作面风巷掘进揭露 SF24 断层,发生峰值水量 400 m^3/h 的突水。由此可以看出,宁东煤田内矿井的掘进巷道均在不同程度上受水害威胁,严重影响了千万吨矿井群的正常建设与生产。

国家能源集团宁夏煤业有限责任公司联合中煤科工西安研究院(集团)有限公司进行技术攻关,以宁东煤田麦垛山煤矿 2 煤层掘进巷道为研究对象,开展了强富水弱胶结复合含水层下巷道掘进防治水关键技术研发,通过将研究成果在现场及周边矿井进行推广应用,实现了强富水、弱胶结、大厚度、复合含水层条件下巷道的安全掘进。

本书主要创新性成果包括以下几个方面:

① 构建了掘进巷道顶板复合含水层水文地质条件综合探查技术

体系;查明了巷道顶板复合含水层之间的水力联系;提出了基于顶板含水层放水试验的钻孔单位涌水量计算方法;提出了采用长距离定向钻探对掘进巷道顶板含水层的掩护式探查技术。

② 研发了强富水弱胶结含水层下掘进巷道溃水溃砂治理技术及装备;提出了井下淤积砂体中固结体的远程水平射流扰动建造工艺;研发了井下淤积砂体中建造固结体的钻喷一体化技术及钻具;研发了井下淤积砂体中建造固结体的保浆控压技术及钻具。

③ 提出了强富水弱胶结复合含水层下掘进巷道水害防控技术:提出了基于数值模型的巷道顶板含水层疏放可行性评价方法;形成了巷道顶板砂岩含水层注浆技术;提出了强富水弱胶结含水层下巷道掘进水害防控方法。

本书以项目开展过程中的主要研究成果为基础,全面总结了宁东煤田强富水弱胶结复合含水层下掘进巷道水害探查、治理和防控技术。全书共分为8章,各章撰写分工如下:第1章,王占银、赵宝峰、翟文、顾怀红、黄忠正;第2章,王占银、翟文、顾怀红;第3章,王占银、黄忠正;第4章,宗伟琴;第5章,王占银、赵宝峰、黄忠正;第6章,赵宝峰、宗伟琴、马莲净;第7章,赵宝峰;第8章,王占银、赵宝峰、翟文、顾怀红、黄忠正、宗伟琴。全书由王占银和赵宝峰统稿并审定。

本书相关研究工作得到了"宁夏矿井防治水技术研究人才小高地"项目的支持。本书策划和编写过程中得到了国家能源集团宁夏煤业有限责任公司周光华、徐建伏、樊兴宁、王军、张江华的支持,同时也对参与项目的中煤科工西安研究院(集团)有限公司朱明诚、曹海东、李德彬、高雅、李盼盼、田增林、朱江涛等表示感谢。

由于水平有限,书中难免存在缺陷和不足,敬请行业专家学者、技术人员和广大读者批评指正。

著 者
2022 年 5 月

目　　录

第1章 绪 论

1.1 研究背景与意义

我国西部侏罗纪煤炭资源储量占全国总储量的 60％ 以上,随着东部煤炭资源的逐渐枯竭,煤炭生产重点逐步向西部转移,煤炭在国民经济建设中的地位日益重要,矿井的安全生产成为国家能源供给的重要保障。由于侏罗纪煤田煤层顶板普遍存在基岩裂隙含水层和松散含水层,加上大规模机械化高强度的开采条件,当采掘工作面的破坏范围波及上覆含水层时,往往会发生顶板水害事故。根据统计资料,掘进巷道是重大水害事故发生的主要地点,约占总事故的 80％,是矿井水害防治的重点区域。

侏罗纪煤田煤层顶板含水层介质通常为砂岩,其沉积条件复杂,沉积相多为辫状河流;从岩性来看,砂岩颗粒粒径较大,通常为泥质胶结,胶结性较差,遇水易松散,受沉积环境改变的影响,砂岩含水层在沉积过程中常与泥岩呈互层状,导致煤层上覆砂岩含水层表现为厚度大、富水性与渗透性强、砂泥岩互层等特征。以往针对煤层顶板含水层水文地质条件探查多采用地面抽水试验,由于受到钻探过程中泥浆对含水层水文地质条件改造的作用,加上抽水试验多采用单孔抽水,存在水跃或者井损的现象,而导致获取的水文地质参数及条件与实际存在较大的差异,不能很好地指导巷道掘进期间的水害防治工作。

由于侏罗纪地层沉积时间较短,胶结性较差,特别是在鄂尔多斯盆地西缘构造发育区域,当掘进巷道揭露或者影响到断层等构造后,断层空间内的胶结物在水动力作用下进入掘进巷道,随着初期溃水溃砂通道逐渐畅通,后期水动力作用也随之增强,导致大量水、砂溃入巷道。以往针对井下溃水溃砂治理多采用地面注浆加固改造,其工程量大、资金投入多、施工难度大,如果在井下对松散砂体进行注浆加固改造,其施工空间小,在注浆治理过程中距离松散砂体较近,易发生二次灾害。

以往针对巷道掘进期间的水害防控措施以施工钻孔超前探查为主,可以有效判断掘进巷道前方是否存在富水异常区、断层、老空区或陷落柱等水害隐患。若掘进巷道上方存在强富水弱胶结含水层,且直接顶板隔水层较薄,当采用常规钻探技术进行超前探查时,钻孔仰角过大,存在止水套管下设困难、钻孔仰角过小的问题,会对弱胶结的顶板产生一定的破坏,并且施工过多的常规钻孔会影响弱胶结顶板的完整性,从而易诱发顶板事故。以往钻孔注浆技术主要应用于底板含水层的改造和加固,对于顶板含水层注浆的应用较少,一方面顶板砂岩含水层注浆效果较差,另一方面对顶板砂岩含水层进行注浆易加剧顶板的破坏。

宁东煤田是我国批准建设的 14 个亿吨级煤炭生产基地之一,麦垛山煤矿位于宁东煤田鸳鸯湖矿区,主采侏罗系延安组 2 煤层、6 煤层和 18 煤层,2 煤层顶板直罗组下段砂岩含水层是影响和威胁 2 煤层巷道掘进和工作面回采的主要充水含水层。麦垛山煤矿自建井以来,井下出现过 6 次集中涌水,除了 1 次 6 煤层采掘活动揭露封闭不良钻孔导致集中涌水外,其他 5 次均发生在 2 煤层巷道掘进过程中。2 煤层回风巷掘进过程中发生了规模较大的溃水溃砂,最大突水量约 1 000 m³/h,累计溃砂量约 5 000 m³,2 煤层掘进巷道频繁发生顶板水害,不仅严重威胁着井下作业人员的安全,同时阻碍了 2 煤层各工作面投入生产,导致矿井迟迟不能达产。

根据对麦垛山煤矿 2 煤层掘进巷道水文地质条件的分析,其充水水源主要来自巷道顶板 1～2 煤层间延安组含水层和直罗组下段含水层,1～2 煤层间延安组含水层前期末开展过专项水文地质工作,通过地质勘探和水文地质补充勘探基本查明了直罗组下段含水层的水文地质条件,其厚度为 42.75～136.06 m,平均值为 82.30 m;与 2 煤层的间距为 0～24.06 m,平均值为 9.76 m;单位涌水量为 0.010～0.300 L/(s·m),平均值为 0.144 L/(s·m);渗透系数为 0.014～0.956 m/d,平均值为 0.312 m/d。由于 2 煤层掘进巷道顶板 1～2 煤层间延安组含水层和直罗组下段含水层属于侏罗系地层,其成岩时间较短,胶结性较差,不仅给巷道掘进期间的探放水工作带来了困难,同时受巷道掘进影响,易发生溃水溃砂事故。

综上所述,麦垛山煤矿 2 煤层巷道在掘进过程中面临严重的顶板水害,其显著特点主要表现为掘进巷道顶板隔水层厚度薄、顶板含水层厚度大、渗透性和富水性较强、胶结性较差,顶板复合含水层之间的水力联系不清,导致巷道在掘进过程中水害事故频发,而针对掘进巷道溃水溃砂缺乏有效的治理措施,常规的探放水技术在强富水弱胶结复合含水层下巷道掘进过程中存在较大的局限性。

　　为了保障侏罗纪煤田巷道在复杂水文地质条件下的顶板含水层实现安全掘进，国家能源集团宁夏煤业有限责任公司联合中煤科工西安研究院(集团)有限公司于 2010 年立项，以宁东煤田麦垛山煤矿 2 煤层掘进巷道为研究对象，开展了强富水复合含水层下巷道掘进防治水关键技术研发，通过将研究成果在现场及周边矿井进行推广应用，形成了强富水弱胶结复合含水层水文地质条件探查、掘进巷道水害防控综合技术体系。

1.2　国内外研究现状

1.2.1　掘进巷道顶板含水层水文地质条件及可疏性评价

　　矿井水害是煤矿五大灾害之一，顶板突水是我国西部矿井水害的主要形式之一，发生突水的原因多为对水文地质条件认识不清。虽然顶板水总体上是较易疏干的，但是如果外界环境有所变化，如其他稳定水源不断补给，也很有可能形成稳定涌水，破坏采煤环境，对煤矿生产安全造成严重影响。同时，在巷道掘进过程中发生突水难以预料，导致井下巷道被淹，会造成工作人员的伤亡等威胁安全的事故。因此，在巷道掘进前对顶板含水层进行水文地质条件和可疏性评价研究，有利于做好矿井防治水工作，从而满足煤矿高产高效安全生产的要求。

　　目前，对工作面回采前顶板含水层的水文地质条件及可疏性研究方面所进行的研究比较丰富。李超峰[1]通过对黄陇煤田彬长矿区的高家堡井田水文地质特征和含水层之间水力联系对比分析，对巨厚洛河组砂岩顶板含水层垂向水文地质特征进行了精细刻画与研究；曹海东[2]对红柳煤矿水文地质条件进行了探查，分析了 39 个离层探放水钻孔的涌水规律，建立了致灾离层空间中心位置的经验公式，为井下精准探放离层水提供了靶区，提出了致灾离层水体最佳探放时机；李涛[3]在查明了神南矿区水文地质条件及水资源赋存情况的基础上，从导水裂隙、地表拉伸裂隙、开采沉陷方面采用定量方法研究了影响含(隔)水层结构采动变异的影响因素；李健等[4]分析了中梁山矿区煤层顶板涌(突)水量的动态特征，并在工作面出水点及周围定期取水样分析其水化学特征，查明了开采前后水文地球化学场的变化；代革联等[5]分析了兖州矿区煤层顶板砂岩的物质组成、孔隙微观特征和岩石力学特征、渗透性能、富水性情况等，通过多元信息拟合技术对煤层顶板砂岩含水层突水危险性进行了评价；邵东梅[6]对袁大滩煤矿首采区煤层顶板水文地质特征进行了研究，发现上部含水层补给、径流条件较好,循环交替活跃,下部含水层径流条件较差、交替缓慢,含水层比较容易疏降,含水层渗透系数较小,透水性较弱,矿井顶板含水层疏降周期会比较长;黄欢[7]通过对锦界矿井地质、水文地质等资料的研究,分析了矿井涌水量的变化趋势及构成,并对矿井涌水量的影响因素进行了分析,对煤层顶板水疏放技术进行了优化研究;赵宝峰等[8]结合麦垛山煤矿顶板直罗组含水层的水文地质条件和井下涌水量数据,分析了含水层水位对井下集中和持续涌水的响应,利用放水试验对含水层的可疏放性进行了研究,论证了煤层顶板巨厚砂砾岩含水层疏放的可行性;刘基[9]通过回采前在工作面切眼里段井下大型放水试验,观察了不同疏放水量下的水位降深情况,从而得出了顶板高承压含水层疏水降压的可行性,提出了矿井进行回采的标准。

针对采掘工作面顶板含水层的水文地质条件研究大多针对采煤工作面,而针对掘进巷道顶板含水层水文地质条件探查的相关研究较少,特别是围绕巷道在掘进过程中顶板含水层可疏性评价方面的相关研究未见报道。

1.2.2 强富水弱胶结含水层下掘进巷道水害防控

顶板水害是矿井开采主要水害类型之一,矿井顶板涌(突)水致使井下作业环境恶化,有时甚至导致淹面淹井水害事故,而特殊的顶板水文地质条件(如浅埋深、薄基岩)又往往导致类似于溃水溃砂等典型灾害事故的发生。其中,强富水弱胶结含水层中以弱胶结砂岩为主,其胶结性质、水理性质及力学性质与常规砂岩或软岩有着显著的差异,胶结程度差、强度低、易风化、遇水泥化崩解,同时富水性强。目前,对于这类含水层下巷道掘进防治水技术,我国学者进行了一些研究。

赵宝峰等[10]采用长距离定向钻探技术对顶板含水层进行富水性探查和顶板水预疏放,针对局部隔水层较薄的区域,采用钻孔和锚杆注浆技术对顶板含水层进行加固、改造,对巷道顶板较为破碎的区域采用U型钢棚加强巷道支护,解决了在强富水弱胶结含水层下巷道掘进过程中所面临的防治水和支护难题;柯贤栋[11]分析了纳林河二号矿顶板强富水弱胶结含水层,发现其可疏性不佳,采用降低煤仓顶板的措施,使煤仓顶部隔水层厚度达到安全厚度,确保了上仓斜巷的安全施工;王宝贤[12]针对任楼煤矿首个提高回采上限工作面回采过程中发生的溃水溃砂事故进行了分析,认为在后期的复采过程中,提高支架阻力、修复变形严重的风巷、改变巷道支护形式、完善排水系统以及加强工作面支护管理是防范溃水溃砂的主要手段;隋旺华等[13]通过室内试验发现含水层内孔隙水压力发生变化可以作为近松散含水层开采溃砂灾害预警和监测的前兆信息;赵新贤等[14]针对红柳林煤矿煤层埋藏浅、基岩覆盖薄且矿区范围存在沟壑的回采地质条件,提出了浅埋深、薄基岩综采工作面过沟开采水害防控的具体措施,为安全回采提供了有力保障;陈文涛等[15]针对灵东煤矿开采顶板水害特点,通过疏水降压、先疏后采与边采边疏相结合、钻孔疏干(疏降)与回采疏干(疏降)相结合的方法,实现了安全开采;张玉军等[16]根据地下水动力学基本原理,提出了预防溃水溃砂发生的临界条件并建立了预测公式;袁奇[17]以小纪汗煤矿顶板含水层水文地质条件、工程地质条件为背景,以颗粒流动理论、水砂运移理论为指导,通过试验研究了开采引起的松散砂溃砂流动运移规律及机理;张亚豪[18]针对野川煤矿 3101 工作面开采时受到溃水溃砂严重威胁的实际情况,为确保安全回采,设计采用探放孔对顶板高压水进行超前疏放,在基岩厚度小于 75 m 的区域采用限高开采技术,该方法成功地防止了该工作面顶板溃水溃砂事故的发生。

目前,对于巷道在掘进过程中的水害防控研究主要集中在探放水技术方面,而对于掘进巷道顶板含水层富水性强、胶结性弱、距离巷道近等不利因素,常规探放水技术无法保障巷道掘进的安全,因此需要针对强富水弱胶结含水层下掘进巷道的水害防控技术开展深入研究。

1.2.3 强富水弱胶结含水层下掘进巷道溃水溃砂治理

强富水弱胶结砂岩含水层是煤矿开采和工程建设中常遇见的不良地层,处理不当则会形成溃水溃砂灾害,威胁矿井安全。目前对于这种地层治理研究较少,已有工程多以含水层疏放为主,有条件的区域可以进行注浆改造。

周振方等[19]以鄂尔多斯盆地西缘某侏罗系煤矿上组煤开采发生的一次顶板溃水溃砂事件为研究对象,基于煤层顶板溃水溃砂区"人工假顶"再造的思路,提出了水泥-水玻璃混合液速凝封堵溃水溃砂通道的技术,形成的堵水及评价技术在类似工程应用中具有一定的借鉴意义;赵庆彪等[20]以邢台矿7810 工作面为例,分析了在巨厚冲积层下开采防砂、防塌煤柱时顶板发生抽冒流砂事故的原因,采取打破以往常规的处理办法,采用高压劈裂注浆方法治理顶板冒顶溃砂事故,取得了较好的效果;许家林等[21]研究了邻近松散承压含水层开采工作面压架机理与防治等,研究结果能够科学地预测采煤工作面基本顶首次来压、周期来压,为确定工作面支架形式和支护参数及回采工艺提供了理论依据;袁克阔等[22]通过总结富水砂层地下工程和煤矿开采中的溃水溃砂机理及防治研究现状,针对富水巨厚砂层下的隧道和采矿工程中出现的溃水溃砂灾害,通过室内试验和现场测试研究了巨厚富水砂层注浆固砂施工方法,在实践应用中验证了所提技术的有效性;许延春等[23]以赵固一矿 11071 工作面溃水溃砂灾害为例,针对厚松散含水层楔形区工作面防砂安全煤岩柱失稳溃砂的问题,结合地质钻孔资料,建立了楔形保水压采动溃砂地质模型,通过水压作用下风化带泥类岩采动裂隙扩展试验研究了受采动损伤的煤岩柱保护层在水压作用下失稳的内在致灾机理,提出了水压作用下防砂安全煤岩柱的留设方法,并在11191工作面进行了工程应用,取得了预期效果。

以往溃水溃砂大多发生在采煤工作面,而对于掘进巷道溃水溃砂的相关研究较少,由于发生溃水溃砂的巷道空间较小、治理难度大,在治理过程中易发生二次灾害,故需要针对掘进巷道溃水溃砂治理技术进行专项研究。

1.3 研究目标与研究内容

1.3.1 研究目标

通过对掘进巷道顶板复合含水层开展放水试验,查明复合含水层之间的水力联系,提出顶板含水层富水性评价方法,得出巷道在掘进期间顶板复合含水层疏放的可行性结论;结合现场溃水溃砂案例,研发出井下松散砂体中固结体的建造工艺及配套装备,并形成固结体质量的检验方法;通过井下现场试验,明确长距离定向钻探技术与注浆技术在掘进巷道顶板含水层水害防控中的适用性,形成强富水弱胶结含水层下巷道掘进水害防控技术。

1.3.2 研究内容

(1)通过在强富水弱胶结复合含水层下开展大流量大降深放水试验,利用复合含水层水位对放水的时空相应特征,对含水层间的水力联系进行分析,推导适用于顶板含水层放水试验的钻孔单位涌水量计算公式,采用地下水流数值模型对巷道在掘进过程中顶板含水层疏放水的可行性进行研究。

(2)结合强富水弱胶结含水层下掘进巷道溃水溃砂典型案例,研究在井下淤积松散砂体中固结体建造的高效注浆技术,解决在注浆过程中孔口保压保浆的技术难题,优化在松散砂体中钻进与注浆的协调问题,形成固结体质量的检验方法。

(3)利用井下现场试验,研究掘进巷道顶板含水层掩护式钻探技术,分析砂岩含水层注浆加固改造的适用性,形成强富水弱胶结复合含水层下巷道掘进水害探查、评价、治理的综合防控技术。

1.4 技术路线

技术路线如图1-1所示。

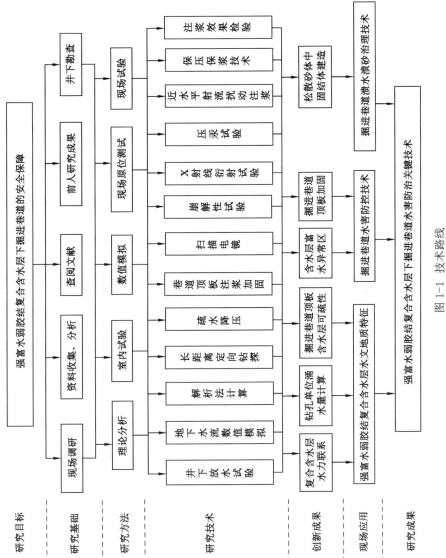

图 1-1 技术路线

1.5 拟解决的关键技术问题

（1）掘进巷道顶板复合含水层水文地质条件及可疏性：掘进巷道顶板复合含水层水文地质条件精细化探查与水力联系；基于顶板含水层放水试验的钻孔单位涌水量计算；掘进巷道顶板含水层可疏性的数值模拟研究。

（2）强富水弱胶结含水层下掘进巷道溃水溃砂治理：强富水弱胶结含水层下掘进巷道溃水溃砂后松散砂体中固结体建造技术；井下淤积砂体中固结体钻喷一体化与保浆控压技术。

（3）强富水弱胶结含水层下掘进巷道水害防控：长距离顶线钻探对掘进巷道顶板含水层的掩护式探查技术；掘进巷道顶板含水层破碎区域注浆加固技术；强富水弱胶结含水层下掘进巷道水害综合防控技术。

第 2 章　矿井概况

2.1　矿井基本情况

麦垛山煤矿隶属国家能源集团宁夏煤业有限责任公司,是宁东能源化工基地开发建设的主要供煤矿井,也是宁夏煤业有限责任公司规划建设的五个千万吨矿井之一,位于宁东煤炭基地——鸳鸯湖矿区南部。

麦垛山煤矿于 2007 年 10 月开工建设,2015 年 8 月 130602 首采工作面投入试生产。井田煤炭总储量 19.8 亿 t,可采储量 11.4 亿 t,矿井设计生产规模为 8.00 Mt/a,服务年限为 102 年。主要可采煤层 3 层,分别为 2 煤层、6 煤层和 18 煤层,煤层厚度分别为 2.88 m、2.63 m 和 5.5 m。

设计采用主斜井-副立井、单水平开拓方式,主水平标高+868 m。根据井田内煤层赋存特点,全井田划分为两个分区开采,一分区为 9 勘探线以南区域,二分区为 9 勘探线以北区域。在一分区设辅助水平,水平标高+1 013 m。

2.2　位置交通

麦垛山井田位于宁夏回族自治区中东部地区,行政区划隶属灵武市宁东镇和马家滩镇。北西距银川市约 79 km,位于灵武市东南约 43 km 处,地理极值坐标为东经 106°39′18″～106°46′38″、北纬 37°46′34″～37°54′33″,井田范围拐点坐标见表 2-1。

麦垛山井田采矿权范围由 26 个拐点坐标圈定(表 2-1),北以杨家窑正断层为界,南以 32 勘探线(地震 MD12 线)为界,西于家梁逆断层为界,东以红柳井田西部边界(重合)为界。整个井田呈北西-南东向条带状展布,南北长约 14 km,东西宽约 4.5 km,勘探区面积约 65 km²。

本区公路交通方便,经过多年建设已形成较为完善的公路网。北约 29 km 有国道主干线银(川)—青(岛)高速公路(GZ25)及国道 307 线东西向通过;井田内有磁窑堡—马家滩三级公路南北向通过,从马家滩向南接于盐兴一级公路,向西与 211 国道相接;矿区内的鸳(鸯湖)—冯(记沟)一级公路可直接通往井田。区内公路网南北交错,向西经灵武市、吴忠市可接于国道 109 线和包兰铁路,向东经盐池县可达延安、太原等地。

表 2-1 麦垛山井田采矿权范围坐标一览表

点号	1954 北京坐标系 3°带坐标		1980 西安坐标系 3°带坐标	
	X/m	Y/m	X/m	Y/m
1	4 198 285.675	36 385 120.764	4 198 233.630	36 385 042.641
2	4 196 967.992	36 383 657.709	4 196 915.930	36 383 579.581
3	4 195 121.614	36 381 672.254	4 195 069.530	36 381 594.121
4	4 194 326.699	36 382 017.518	4 194 274.610	36 381 939.391
5	4 193 488.052	36 382 582.180	4 193 435.960	36 382 504.061
6	4 192 886.834	36 383 039.654	4 192 834.740	36 382 961.541
7	4 191 696.210	36 383 639.344	4 191 644.110	36 383 561.241
8	4 190 345.917	36 384 260.313	4 190 293.810	36 384 182.221
9	4 189 297.922	36 384 869.194	4 189 245.810	36 384 791.111
10	4 187 693.038	36 385 972.958	4 187 640.920	36 385 894.891
11	4 185 765.316	36 387 167.261	4 185 713.190	36 387 089.211
12	4 185 068.059	36 387 643.724	4 185 015.930	36 387 565.681
13	4 184 620.580	36 388 030.689	4 184 568.450	36 387 952.651
14	4 184 166.052	36 388 491.203	4 184 113.920	36 388 413.171
15	4 183 477.005	36 388 905.467	4 183 424.870	36 388 827.441
16	4 185 755.976	36 392 298.878	4 185 703.874	36 392 220.866
17	4 186 525.522	36 392 117.318	4 186 473.425	36 392 039.301
18	4 187 043.809	36 391 783.983	4 186 991.714	36 391 705.961
19	4 187 534.139	36 391 281.189	4 187 482.045	36 391 203.161
20	4 188 105.760	36 390 876.455	4 188 053.668	36 390 798.421
21	4 189 384.058	36 389 951.287	4 189 331.971	36 389 873.241
22	4 190 923.002	36 389 237.310	4 190 870.923	36 389 159.251
23	4 192 300.654	36 388 727.630	4 192 248.582	36 388 649.561
24	4 193 707.983	36 388 128.061	4 193 655.919	36 388 049.981
25	4 196 287.374	36 386 417.525	4 196 235.320	36 386 339.421
26	4 198 262.884	36 385 136.224	4 198 210.839	36 385 058.101

包(头)—兰(州)国铁干线于矿区西约 85 km 处南北向通过,与包兰铁路

接轨于大坝车站的大(坝)—古(窑子)铁路专用线已延伸至古窑子车站,从古窑子车站通往灵新煤矿和羊场湾煤矿的铁路支线已建成通车。另外,太(原)—中(卫)铁路从井田南 36 km 通过。本区铁路网完善,煤炭外运有充分保障。

井田距离银川河东机场约 40 km,可从银(川)—青(岛)高速公路(GZ25)直达机场,银川河东机场共有 8 家航空公司开通直达全国 15 个城市的 17 条航线,可起降大型客机,航空运输快捷方便。

2.3　地形地貌

麦垛山井田属半沙漠低丘陵地形。全区地势为西北高、东南低;最高高程点位于 401 孔东北边的山丘上,海拔高度为 +1 552.00 m,最低高程点位于 32 勘探线 M2403 孔附近,海拔高度为 +1 345.00 m,最大相对高差 207 m;平均海拔高度为 +1 400.00 m。地表为沙丘掩盖,多系风成新月形和垄状流动沙丘。西北部黄土被侵蚀切割之后形成堰、梁、峁地形,冲沟发育;东南部相对较平缓。总之,地貌较复杂。

2.4　气象水文

井田内无常年地表径流。

本区地处西北内陆,为典型的半干旱半沙漠大陆性气候。气候特点是冬季寒冷、夏季炎热,昼夜温差较大。根据灵武市气象站 1990—2005 年气象资料,季风从每年 10 月至次年 5 月,长达 7 个月,多集中于春秋两季,风向多正北或西北,风力最大可达 8 级,一般为 4～5 级,平均风速为 3.1 m/s;春秋两季有时有沙尘暴;年平均气温为 9.4 ℃,年最高气温为 36.6 ℃(1997 年),年最低气温为 −25.0 ℃(2002 年);降水多集中在 7、8、9 三个月,年最大降水量为 322.4 mm(1992 年),年最小降水量仅为 116.9 mm(1997 年),而年最大蒸发量高达 1 922.5 mm(1999 年),为年最大降水量的 6 倍及最小降水量的 16 倍,年最小蒸发量 1 601.1 mm(1990 年);最大冻土深度为 0.72 m(1993 年),最小冻土深度为 0.42 m;相对湿度为 7.6%～8.8%。全年无霜期短,冰冻期自每年 10 月至次年 3 月。

第3章 地质概况

3.1 地层

麦垛山井田内未见基岩出露,被大范围的第四系风积砂或古近系的紫红色黏土所覆盖。钻孔揭露的基岩地层有三叠系上统上田组,侏罗系中统延安组、直罗组及侏罗系上统安定组。各地层由老至新简述如下。

(1) 三叠系上统上田组(T_3s)

该地层仅在井田的西北及北部的少量钻孔中见到,最大揭露厚度为 59.52 m,邻区揭露最大厚度为 217.40 m,邻区资料最大沉积厚度为 756 m。该地层为一套河湖相杂色碎屑岩沉积组成,为侏罗系延安组含煤建造沉积的基底。岩性以黄绿、灰绿色厚层状中、粗粒砂岩为主,夹灰至灰绿色粉砂岩、泥岩薄层及含铝土质的泥岩。砂岩的分选性及磨圆性中等,具有大型板状、槽状及楔状交错层理。

(2) 侏罗系中统延安组(J_2y)

该地层为一套内陆湖泊三角洲沉积,是井田的含煤地层。钻孔揭露厚度平均为 358.25 m。岩性为灰至灰白色中、粗粒长石石英砂岩及细粒砂岩,深灰至灰黑色粉砂岩、泥岩及煤等。底部的一套灰白、有时略带黄色具红斑的粗粒砂岩、含砾粗砂岩(宝塔山砂岩)与下伏三叠系上统上田组呈假整合接触。

井田内延安组含煤地层平均总厚度为 358.25 m,含煤层 22 层,平均总厚度为 27.44 m,含煤系数为 7.66%。其中,煤层自上而下编号为:1、2、3-1、3-2、3下、4-1、4-2、4-3、5-1、5-2、6、7、8、9、10、12、16、17、18-1、18-2、18、18下。全区可采煤层 2 层、大部可采煤层 13 层、局部可采煤层 5 层、不可采煤层 2 层。可采煤层平均总厚度为 31.41 m,可采含煤系数为 8.77%,见表 3-1。

根据钻孔揭露情况,煤层在平面上的赋存状况呈现为:以 1005、1105 孔位置为中心的煤层富集区,并呈南北向展布,向井田的北西和南东方向逐渐变薄。在垂向上呈现为:延安组第一段和第三段含煤性最好,其次为第五段,第二、四段含煤性最差。

表 3-1　麦垛山含煤地层含煤系数统计表

含煤组段	地层厚度/m	煤层厚度/m	含煤系数	可采厚度/m	可采含煤系数	煤层编号
第五段	88.46	7.68	8.68%	8.64	9.77%	1、2、3-1、3-2、3下
第四段	80.65	3.62	4.49%	4.12	5.11%	4-1、4-2、4-3、5-1、5-2
第三段	75.59	6.80	9.00%	7.98	10.56%	6、7、8、9、10
第二段	33.30	1.04	3.12%	1.28	3.84%	12
第一段	80.25	8.30	10.34%	9.39	11.70%	16、17、18-1、18-2、18下
延安组	358.25	27.44	7.66%	31.41	8.77%	共22层

　　麦垛山煤矿 2020—2023 年主采 2 煤层和 6 煤层(图 3-1),下面对这两个煤层进行简单介绍。

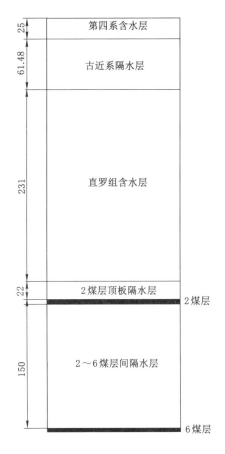

图 3-1　2 煤层和 6 煤层相对位置图

① 2 煤层

2 煤层位于延安组Ⅳ6亚旋回的上部,是井田内主要可采煤层。在井田20线以北沉积较厚,向南逐渐变薄,层位稳定,大部可采,煤层分布面积为 63.77 km²,可采面积为 62.54 km²。上距 1 煤层底板 5.59～42.13 m,平均为 20.78 m。井田内见煤点 126 个,煤层厚度为 0.41～7.48 m,平均为 2.81 m;可采点 122 个,可采厚度为 0.84～7.48 m,平均为 2.88 m,属中厚煤层。最厚点位于 1105 号钻孔,最薄点位于 3007 号钻孔,煤层厚度呈南北向展布,向东南方向逐渐变薄,厚度变化较大但有规律。含夹矸 0～5 层,厚度为 0.06～0.55 m。夹矸岩性以碳质泥岩、泥岩、粉砂岩为主,位于煤层中下部,层位较稳定,结构较简单至复杂。煤层顶板多为粉砂岩,次为泥岩及细粒砂岩,泥岩多分布在井田的中部;底板岩性以粉砂岩为主,次为泥岩和少量的碳质泥岩。

综上所述,2 煤层为中厚煤层,20 线以北厚度变化小、以南变化较大,结构简单至复杂,煤类为不黏煤,大部可采,属较稳定煤层。

② 6 煤层

6 煤层位于延安组Ⅱ7亚旋回的上部,是井田内主要可采煤层。在井田北部沉积较薄,向南逐渐变厚,层位稳定,大部可采,煤层分布面积为 63.74 km²,可采面积为 55.59 km²。上距 4-3 煤层底板 27.26～105.33 m,平均为 59.98 m。井田内见煤点 121 个,煤层厚度为 0.18～7.59 m,平均为 2.58 m;可采点 118 个,可采厚度为 0.80～7.59 m,平均为 2.63 m,属中厚煤层。最厚点位于 2205 号钻孔,最薄点位于 405 号钻孔,煤层厚度呈南北向展布,南厚北薄,在井田西北角沉积小范围的不可采区,厚度变化较大但有规律。含夹矸 0～2 层,厚度为 0.10～0.77 m。夹矸岩性以碳质泥岩、泥岩、粉砂岩为主,位于煤层下部,层位稳定,结构简单。煤层顶板多为粉砂岩,次为细粒砂岩及中、粗粒砂岩;底板岩性以粉砂岩为主,次为细粒砂岩及少量泥岩。

综上所述,6 煤层为中厚煤层,厚度变化规律明显,结构简单,煤类为不黏煤,大部可采,属稳定煤层。

(3) 侏罗系中统直罗组(J_2z)

该地层为一套干旱半干旱气候条件下的河流-湖泊相沉积。钻孔揭露厚度为 336.43～495 m,平均为 431.16 m。其岩性上部主要为灰绿、蓝灰、灰褐色带紫斑的细粒砂岩,褐色粉砂岩,泥岩,夹粗、中粒砂岩。中下部以厚数十米至百米左右的厚层状的灰白、黄褐或红色含砾粗粒石英长石砂岩"七里镇砂岩"与其下含煤地层呈假整合接触,局部呈冲刷接触。在 20 线及其以北,该砂岩成为 1 煤层顶板,而其南 1 煤层被冲刷剥蚀,该砂岩又成为 2 煤层顶板砂岩。

（4）侏罗系上统安定组（J_3a）

该地层为干燥气候条件下沉积的河流、湖泊相的红色沉积物，俗称为"红层"。本井田只在北、西部的少数钻孔中可以见到，揭露最大厚度为 565.09 m，邻区（红柳井田）本组最大厚度为 423.74 m，在本井田有增厚之势。底部普遍有一层褐红色粗粒砂岩，与下伏直罗组呈假整合接触。

（5）古近系渐新统清水营组（E_3q）

该地层在 20 线北部西侧的沟谷中常见，井田其他部位仅零星出现。厚度为 12.07～115 m，平均为 85.50 m。该地层岩性主要由淡红色亚黏土及黏土组成，偶尔有浅绿或蓝灰色薄层泥岩，局部为砾石层或砂层，不整合接触于下伏各地层之上。

（6）第四系（Q）

该地层井田内广泛分布，为冲、洪积的黄沙土，底部常见变质岩、灰岩等组成的卵砾石或钙化结核，顶部为现代沉积的风成沙丘或黄土层。覆盖在各地层之上，厚度为 1.20～32.80 m，平均为 6.13 m。

3.2　构造

麦垛山煤矿位于国家能源集团宁夏煤业有限责任公司鸳鸯湖矿区，根据宁夏区域构造地质，分为东北侧的华北地台和西南侧的秦祁褶皱带，华北地台又划分为鄂尔多斯台坳和南北向逆冲构造带，而鸳鸯湖矿区正位于南北向逆冲构造带的桌子山-横山堡逆冲带上，是烟墩山逆冲席的前缘带。井田内构造线总体走向为北北西向，同时还发育有北东东向构造，断裂、褶曲构造较发育。根据地震解释成果和钻孔揭露资料，井田内主体构造为于家梁-周家沟背斜和长梁山向斜；发育断层共 23 条，其中大的断裂主要有杨家窑正断层、麦垛山正断层、于家梁逆断层、F10 逆断层和杜窑沟逆断层，如图 3-2 所示。断层和褶曲详细情况如下。

（1）断层

受燕山运动的影响，中生界产生了大量的褶皱和断裂构造。本区断裂、褶皱相伴生，构造线总体方向为北北西。断裂构造有北北西向和北东东向两组断裂，前者以逆断层为主，后者以正断层为主。

麦垛山井田内含煤地层沿走向、倾向产状变化，井田内含煤地层的地层倾角在 10°～30°之间，背斜的翼部地层倾角较大，为 20°～45°，局部可达 60°，控制了井田边界构造和井田主体构造，有于家梁逆断层、杨家窑正断层、麦垛山正断层、杜窑沟逆断层和于家梁-周家沟背斜、长梁山向斜大的褶皱。研究人员详细查明

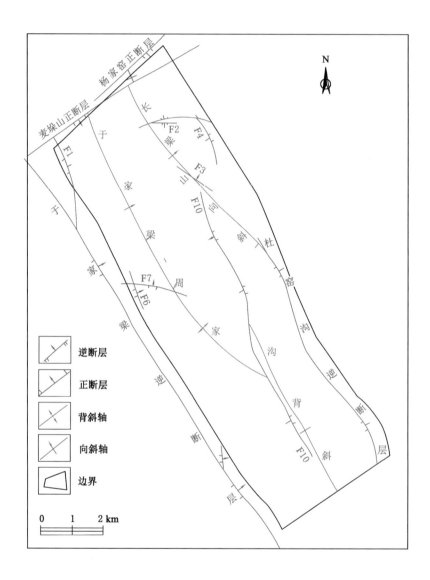

图 3-2　麦垛山井田构造纲要图

了先期开采地段内落差不小于 30 m 的断层,查明了落差不小于 5 m 的断层,查明了 F10 等较大断层和一系列的断裂,发现井田内没有受到岩浆岩的影响。

对井田内发育断层进行统一编号。需要与地震成果断层对照时,查看麦垛山井田断层发育情况一览表(表 3-2)。

表 3-2　麦垛山井田断层发育情况一览表

序号	断层编号	性质	断层产状			落差/m	控制长度/km	断煤层号	控制程度	控制方式	备注
			走向	倾向	倾角/(°)						
1	杨家窑	正	北东	SE	60～77	0～120	3	2～18	可靠	二维	查明
2	麦垛山	正	北东东	S	60～75	20～160	5	2～18	可靠	二维	查明
3	于家梁	逆	北北西	NE	61～70	130～700	15	2～18	可靠	三维	查明
4	F1	逆	北北西	NE	58～68	80～300	3	2～18	较可靠	二维	基本查明
5	石荒洼	正	近东西	N	56～77	0～90	2	2～18	可靠	二维	查明
6	F2	正	近东西	S	71～77	0～130	1	2～18	可靠	二维	查明
7	F3	逆	北西	NE	51～62	0～90	1	2～18	较可靠	二维	基本查明
8	F4	逆	北北西	SW	73～76	0～90	2	2～18	可靠	二维	查明
9	F5	逆	北西	NE	约57	0～5	0.5	6～18	可靠	三维	查明
10	F6	逆	北西	NE	65～71	0～10	0.73	2～18	可靠	三维	查明（同条）
11	F7	逆	北西	NE	31～37	0～27	约2	2～18	可靠	三维	查明（同条）
12	F8	逆	北北西	SSE	约45	0～6	0.5	6～10	可靠	三维	查明
13	F10	逆	北北西	SW	50～62	20～180	9	2～18	可靠	二维	查明（组合）
14	F12	逆	北西	NE	60～64	0～8	约1.5	1	较可靠	三维	查明
15	F13	逆	北北西	SSE	40～47	0～6	0.5	6～10	可靠	三维	查明
16	F14	逆	北北西	NEE	约37	0～7	1.2	2～4-3	可靠	三维	查明（组合）
17	杜窑沟	逆	北北西	NE	66～77	0～330	8	2～18	可靠	二维	查明
18	F15	逆	近北西	NE	58～68	0～30	2	2～18	可靠	三维	查明（同条）
19	F16	逆	北北西	SW	57	0～25	0.5	2～4-3	可靠	钻探	查明
20	F17	逆	北北西	NE	57～68	0～33	2	2～3-2	可靠	二维	查明（组合）
21	F18	逆	北北西	NE	65～67	0～33	1.5	2～6	可靠	二维	查明
22	F19	逆	北北西	SW	18	0～19	0.5	16～18	可靠	钻探	查明
23	F20	逆	北北西	SW	65	0～27	0.5	6	较可靠	钻探	基本查明
24	井田外	正	北东东	S	67	0～20			井田外	二维	查明

（2）褶曲

① 于家梁-周家沟背斜

根据地震解释结果以及钻孔揭露资料和控制的煤层底板等高线走势,结合矿区大的构造体系和格局,经地质分析、研究确定,地震解释的于家梁背斜和周家沟背斜是同一背斜,即于家梁-周家沟背斜,在 22 勘探线的 2205 孔附近被F10 断层错开。

该背斜位于本区西部,贯穿井田南北,轴向北北西,呈 S 形展布。北端被麦垛山正断层切割后延伸至东庙勘探区。井田内北段由北向南逐渐抬升隆起,至 12 勘探线的 1203 孔北东方向约 320 m 处,2 煤层的标高为 1 190 m,为轴部最高点;向南开始向东南方向宽缓倾伏,且轴部伴有幅度很小的起伏,在21~23 勘探线处轴部被 F10 断层错开;南段受断层影响,两翼倾角增大,并延展至区外。

受于家梁断层和东部断层的挤压切割影响,北段背斜轴部宽缓,地层倾角在8°~15°之间,背斜西翼受于家梁断层影响,地层倾角较大,多在 30°~45°之间,局部可达 60°,背斜东翼与长梁山向斜相接,地层倾角多在 20°~35°之间;南段受F10 断层影响,背斜轴部逐渐隆起,西翼向南倾角逐渐增大,多在 20°~45°之间,东翼基本为一单斜,地层倾角约 30°,波幅为 0~840 m,最浅部位在 32 线,2、3-1、3-2 煤层被剥蚀。

于家梁-周家沟背斜在区内延伸长度约 15 km,由地震和钻探共同控制,控制可靠,为查明构造。

② 长梁山向斜

该向斜位于本区东部,轴向北北西,呈 S 形展布。北端被麦垛山正断层和杨家窑正断层切割后延伸至东庙勘探区,南端被杜窑沟逆断层切割并延伸至区外红柳井田,由共计 16 条测线控制。北部两翼对称,地层倾角为 20°~35°,褶曲波幅为 70~840 m,最深部位在 4 线,2 煤层深度为 1 250 m 左右;南部东翼被杜窑沟逆断层切割成不完整的向斜,西翼为一向东倾的单斜构造,地层倾角为 20°~46°。另外,在长梁山向斜东翼的 807 孔附近有一小的隆起,为长梁山向斜东翼上的次级构造。

长梁山向斜在区内延伸长度约 8 km,由二维地震控制,控制较可靠,为基本查明构造。

3.3　岩浆岩

井田内未发现岩浆岩。

第4章 区域及矿井水文地质条件

4.1 区域水文地质

4.1.1 区域水文地质概况

水文地质区划属于陶(乐)灵(武)盐(池)台地水文地质区、低丘台地裂隙-孔隙水亚区,区域范围:西以马鞍山、面子山为界,北至长城,东及南边界至马家滩、冯记沟一带,面积约 1 800 km²。地貌为沙漠、半沙漠与草原的过渡带,现代沙丘、沙梁及第四系松散沉积物广布,地下水的形成与分布受自然地理及地质条件控制,呈现出西北地区特有的干旱半干旱区的水文地质特征;可划分为任家庄-丁家梁矿区、碎石井矿区、鸳鸯湖矿区、马家滩矿区等水文地质分区。其中,本井田属鸳鸯湖矿区裂隙-孔隙水分区。

影响宁东煤田的地表水主要有边沟、西天河、苦水河等。边沟位于宁东煤田北部边界沿长城一线;西天河横贯鸳鸯湖矿区、碎石井矿区,苦水河位于马家滩南部,其中麦垛山井田属于苦水河流域。

4.1.2 区域含水层水文地质特征

按地下水赋存条件和水力性质不同,宁东煤田含水层可划分为孔隙潜水含水层、裂隙-孔隙承压水含水层及岩溶-裂隙承压水含水层。

(1)孔隙潜水含水层

本含水层组由各种成因类型的第四系松散堆积层组成,分布于山间小型洼地及沟谷等。富水性较强的含水层有西天河河床冲洪积沟谷潜水区、白芨滩山间洼地潜水区、边沟流域沟谷冲洪积潜水区等。地下水主要接受大气降水及周围沙漠凝结水的补给,以蒸发及径流形式排泄,沿地形低洼处及沟谷分别汇入西天河、苦水河及边沟后流出本区。受地质环境及径流、排泄等条件影响,地下水矿化度变化较大,为 0.3～12.5 g/L。本井田该含水层主要分布于张寿窑一带。

(2)裂隙-孔隙承压水含水层

本含水层由古近系、白垩系、侏罗系、三叠系、二叠系与石炭系等含水层组成。本井田包括古近系、侏罗系含水层。各含水层分述如下：

古近系主要分布于鸳鸯湖矿区北部清水营井田及任家庄-丁家梁矿区,钻孔揭露最大厚度为 220 m 左右,岩性上部为红色黏土岩,富含石膏,多为隔水层;含水层位于下部,主要为粉、细粒砂岩与砾岩互层。含水层水量小、水质差,多属高矿化水。

白垩系主要出露于面子山、四耳山、马鞍山、清水营一带。在鸳鸯湖矿区清水营井田揭露最大厚度为 222.3 m,含水层岩性以砾岩为主。据碎石井矿区及清水营井田抽水资料,单位涌水量为 0.009~0.5 L/(s·m),泉水流量为 0.1~0.32 L/s,矿化度为 0.35~9.84 g/L。

侏罗系延安组为宁东地区主要含煤地层,侏罗系砂岩含水层为影响煤层开采的主要含水层。除局部富水性中等外,大部分属富水性弱或极弱含水层。

三叠系上统延长群为煤系下伏地层,主要分布于刘家庄背斜轴部一带,含水层岩性为中、细粒砂岩,粉砂岩及泥岩互层。胶结较致密,透水性差,钻探过程中未见涌(漏)水现象。据碎石井羊场湾井田井筒检查孔抽水资料,钻孔单位涌水量为 0.001 59 L/(s·m),矿化度为 4.34 g/L。

二叠系与石炭系地层主要分布于横城矿区,其中山西组和太原组为主要含煤地层。含水层岩性为砂岩,钻孔单位涌水量为 0.016 6~0.002 3 L/(s·m),矿化度为 1.789~9.0 g/L。

(3) 岩溶-裂隙承压含水层

该含水层组仅包括下古生界奥陶系灰岩,主要分布于横城矿区,大部为第四系及古近系掩盖,仅在马鞍山北端黑山一带有零星出露,本井田该含水层未揭露。据现有勘探资料,该区灰岩裂隙溶洞不发育,钻孔最大揭露深度为 270 m,钻孔单位涌水量为 0.060 5 L/(s·m)。

4.1.3　区域地下水补径排条件

本区地下水补给主要以大气降水为主。补给量受大气降水量、降水强度、降水地的地形地貌、含水层岩性等诸多因素的制约。据灵武地区 1990—2000 年气象资料,本区年均降水量为 198 mm,蒸发量为 1 792.6 mm,降水时空不均匀,降水多集中于 7、8、9 三个月。在沙漠丘陵区,地形较平缓,降水渗入系数较大;在沟谷低山丘陵区,地形破碎,沟谷坡度较大,降水入渗系数较小,降水多沿沟谷排走。沙漠丘陵区接受沙漠凝结水补给,但补给量甚微。

本区地表分水岭与地下分水岭基本一致,接受降水补给后,地下水向沟谷、洼地及地下水位低的地区运移,运移速度取决于含水层岩性、基岩基底形态特征及水力坡度。一般沙漠丘陵区相对较缓,低山丘陵区及地形高差较大区相对较高;地表水多以地表径流排入沟谷。

排泄方式除蒸发外,部分以人工排水或以泉水的方式排泄,少部分渗入地下,沿基岩面(或风化层面)径流,或汇集于地形地洼地区形成潜水,或沿沟谷径流汇入西天河、苦水河、边沟,向西汇入黄河。

4.2　矿井水文地质

4.2.1　含水层

井田含水层按岩性组合特征及地下水水力性质、埋藏条件等,由上而下划分为以下五个主要含水层(图 4-1)。

(1) 第四系孔隙潜水含水层(Ⅰ)

本区第四系孔隙潜水含水层全井田分布,地层厚度为 1.2～32.83 m,平均厚度为 5.54 m,其中厚度较大地点为北部 401 孔一带,厚约 17 m,南部 3006～3007 号孔一带厚约 32 m;地下水主要赋存于风积-冲积层。含水层地下水补给以大气降水为主,排泄以蒸发消耗为主,部分以人工开采或沿地层裂隙及风化破碎带补给基岩含水层。按地下水赋存条件,可分为风积砂潜水层、风积-冲洪积潜水层。

① 粉土、风积砂潜水:广布于井田,构成基岩覆盖层;层厚一般为 3.0～5.0 m,多位于侵蚀基准面以上。岩性以粉、细砂为主,局部含少量砂砾石;成分以石英、长石为主,分选性好,渗透性强,不含水或微弱含水;地下水位多随地形起伏而异,水位、水量随季节变化。地下水接受大气降水补给,由南而北、自高而低向冲沟排泄。

② 风积-冲积潜水:分布于冲沟及井田 19 线以南大部分地区,岩性以中、细砂及粉土为主,含少量砂砾石;26 线以北含水层厚度小于 5.0 m、以南大于 5.0 m,其中 2006～2007 号孔一带可达 32.83 m;地下水水位及富水性受冲沟影响较为明显。北部卜家庙子沟、周家沟内,水井位于沟谷冲积层,地下水水位埋深相对较浅,水量较小,雨季蓄水,干旱时水井大多干枯。井深一般为 5.0～12.0 m,井内水深为 0.1～1.5 m,地下水矿化度为 3.07～9.48 g/L,水化学类型为 Cl·SO$_4$-Na、Cl·SO$_4$-Na型;19 线以南,周家沟、张家沟地表水渗入地下,随着第四系含水层厚度增加,自北而南富水性逐渐增强,部分地区古近系裂隙-孔隙发育时涌水量增大。例如,1905 号孔钻进至 11.38～24.33 m 时,出现漏孔现象,漏失量为 0.22～0.4 m³/h,越向南漏失量越大;2004 号孔钻进至 11.38～24.33 m 时,漏失量为 2.0 m³/h;3003 号孔钻进至 30.0 m 时,漏失量达 5.0 m³/h,进行水位观测,停钻 2 h,水位上升 1.20 m。张寿窑一带,地下水水水位埋深相对较浅,水量较

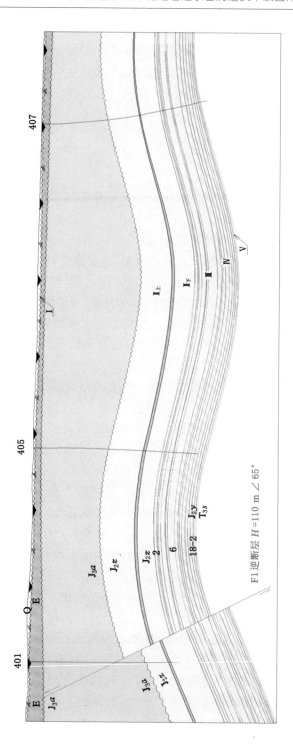

图 4-1 麦垛山井田水文地质剖面图

大,井深为 $7.4\sim8.33$ m,井内水深为 $1.10\sim2.43$ m,出水量约为 1.5 m³/d;据水井水质分析资料,地下水矿化度变化较大,水质较好的水井矿化度为 $0.89\sim1.22$ g/L,水质较差的水井矿化度为 $2.73\sim9.19$ g/L;水化学类型以 SO_4-Na·Ca 及 Cl·SO_4-Na 型为主。

(2) 侏罗系碎屑岩裂隙-孔隙承压水含水层(Ⅱ~Ⅴ)

影响麦垛山井田开采的主要含水层包括侏罗系中统安定-直罗组含水层、中统延安组含水层。根据含水层分布及水文地质特征分析,垂向上:对井田影响较大的含水层为直罗组下段砂岩含水层(Ⅱ)、2~6 煤层间砂岩含水层(Ⅲ)及 6~18 煤层间砂岩含水层(Ⅳ),18 煤层以下砂岩含水层(Ⅴ)结构较致密、裂隙不发育、富水性相对较差,对煤层开采影响较小;平面上:17 线以南含水层富水性相对较强,对煤层开采影响较大。

① 侏罗系中统直罗组裂隙-孔隙含水层(Ⅱ)

本含水层全井田发育,广泛分布,属干旱条件下的河流沉积物。含水层厚度为 $102.71\sim761.1$ m,平均厚度为 231.11 m,地下水水位水头高度为 $1\ 302.9\sim1\ 356.3$ m;厚度分布在首采区小于 200 m、在首采区以东大于 200 m,且向东逐渐增厚,如图 4-2 所示。岩性以灰至灰绿色细、中、粗粒砂岩为主,泥、钙质胶结,胶结程度较差,具大型交错层理,局部地段裂隙发育,钻探上表现为漏孔现象。该层底部砂岩较稳定,以粗粒砂岩为主,多为 2 煤层直接顶板,弱富水性,遇水冲击呈松散状,是影响本井田的主要含水层。根据地层沉积旋回、岩性特征及水文地质特征,直罗组底部粗粒砂岩为主要标志层,将含水层划分为上段及下段"七里镇砂岩"含水层。

上段:包括底部砂岩含水层隔水顶板以上各含水层,井田广泛分布。岩性以灰绿至灰黄色细、中砂岩为主,泥质胶结,颗粒支撑。含水层厚度为 $0\sim563.75$ m,平均厚度为 102.97 m,与厚度较大、分布较稳定的古近系黏土层直接接触,由于古近系黏土层的隔水作用,该段含水层与第四系含水层联系较差。含水层富水性与构造、沉积环境、风化裂隙带深度联系较为密切。一般情况下,当钻孔位于断层附近时,地层裂隙发育,含水层富水性相对较强,钻孔钻探过程中漏(涌)孔现象多出现在此处,层位集中于粗、细岩层接触面上,如 2401、2205、2002、1601 孔。

由走向剖面上可以看出,该段含水层岩性为细、中砂岩与泥岩、粉砂岩多呈互层状,呈现出以静储量为主层状承压水含水层特征:受补给条件影响,局部层段水头压力较大,初次揭露含水层时涌水量常常较大,随着水头压力减弱,水量消耗,涌水量逐渐趋于稳定。例如,麦垛山井田北部石槽村主斜井井筒掘进至该含水层时,初次揭露涌水量达 60 m³/d,经过 50 h 以后,水量逐渐

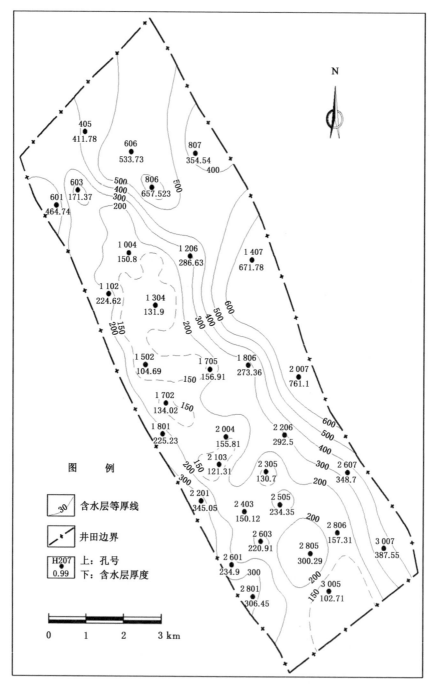

图 4-2　Ⅱ含水层上段等厚线图

稳定至 20～30 m³/d,水量曲线呈波状起伏,这种现象对于井巷掘进会产生较大影响。当然,本井田水文地质条件与石槽村井田水文地质条件有一定的差异,但在施工中应采取措施,特别是穿过中、细砂岩时应加以预防。

下段:是影响井田首采区的主要直接充水含水层之一,分布于整个井田,含水层厚度为 60.21～317.70 m,平均厚度为 138.70 m。岩性主要为灰绿、蓝灰、灰褐色夹紫斑的中、粗粒砂岩,夹少量的粉砂岩和泥岩,局部含砾;砂岩的成熟度较低,分选性差,以接触式胶结为主。底部为一厚层灰白、黄褐或红色含砾石英长石粗砂岩,俗称"七里镇砂岩",砂岩底部含石英小砾石,泥质胶结,颗粒支撑,胶结程度较差,松散至较松散,锤击易碎,可见水振荡形成的假层理。

根据钻孔含水层等厚线图(图 4-3),该层位较稳定,首采区以西厚度较大,首采区相对较薄;在首采区内,北部较厚、南部较薄。据井田北侧梅花井、石槽村煤矿建井资料,井筒掘进至直罗组砂岩含水层时,井筒涌水量一般为 20～30 m³/h,最大可达 60 m³/h。据煤田钻孔简易水文资料,20～24 线之间 7 个钻孔,全井田 14 个钻孔,在钻进至直罗组底部砂岩时,水位下降,耗水量增大,漏水现象严重,说明该含水层渗透性较好,局部地段富水性相对较强。

根据直罗组含水层抽水试验资料及水质分析成果,井田含水层富水性受上覆地层岩性、构造分布影响较大,表现为自北而南水量逐渐增大,富水性逐渐增强:20 线以北,上覆较厚顶板隔水层,张性断层不发育,含水层之间水力联系弱,渗透性较差,富水性相对较弱,1405-1 号孔平均降深为 34.18 m,涌水量为 1.315 L/s,单位涌水量为 0.038 5 L/(s·m),渗透系数为 0.021 m/d,影响半径为 47.37 m,803-1～1405-1 孔标准单位涌水量由 0.013 1 L/(s·m)增大至 0.020 L/(s·m);20 线以南,受倾向张性断层影响,岩性裂隙较为发育,地下水补给条件较好,富水性相对较强,3003-1 号孔平均降深为 14.22 m,涌水量为 2.385 L/s,单位涌水量为 0.167 7 L/(s·m),渗透系数为 0.098 5 m/d,影响半径为 43.95 m,2305-1～3003-1 孔标准单位涌水量由 0.088 6 L/(s·m)增大至 0.098 5 L/(s·m)。803-1、1405-1、2305-1、3003-1 孔抽水试验资料见表 4-1。

据钻孔水质分析资料,直罗组含水层地下水矿化度为 10.32～13.05 g/L,水质类型为 Cl·SO₄-Na 型。根据地下水水质、水量及水文地质条件等因素分析认为:直罗组含水层是以古封存地下水且以静储量为主、富水性弱至中等的层状承压水含水层,以 20 线为界,北部富水性较弱、南部较强。由于地下水水头压力较大,初见水量较大,特别是直罗组底部砂岩泥质胶结,结构松散至较松散,在地下应力场发生变化时,水动力条件发生变化,极易出现溃砂现象,可能对矿床开采带来较大影响。

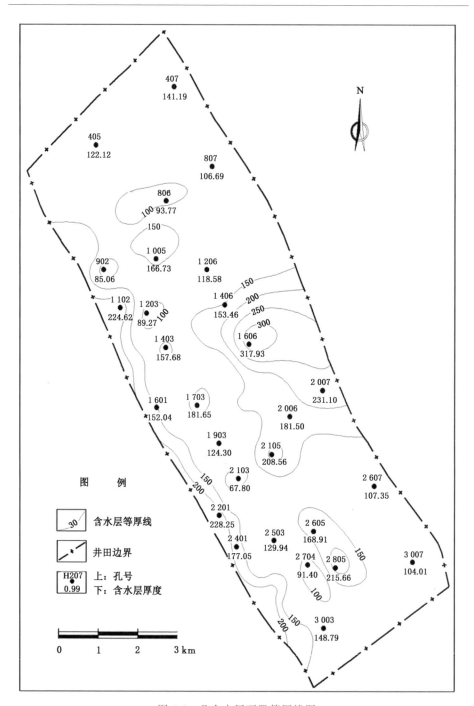

图 4-3　Ⅱ含水层下段等厚线图

表 4-1　Ⅱ含水层抽水试验成果表

孔号	水位降低顺序	降深值/m	涌水量/(L/s)	单位涌水量/[L/(s·m)]	平均单位涌水量/[L/(s·m)]	标准单位涌水量/[L/(s·m)]	平均渗透系数/(m/d)	平均影响半径/m
803-1	Ⅰ	18.15	0.483	0.026 6	0.019 7	0.013 1	0.012 9	39.52
	Ⅱ	36.32	0.645	0.017 8				
	Ⅲ	54.48	0.794	0.014 6				
1405-1	Ⅰ	45.02	1.638	0.036	0.039	0.020 0	0.021	47.37
	Ⅱ	34.77	1.35	0.039				
	Ⅲ	22.75	0.956	0.042				
2305-1	Ⅰ	10.32	1.638	0.159	0.121	0.084 5	0.088 6	59.52
	Ⅱ	20.67	2.245	0.109				
	Ⅲ	31.07	2.970	0.096				
3003-1	Ⅰ	7.10	1.519	0.214	0.178	0.098 6	0.098 5	43.95
	Ⅱ	14.23	2.396	0.168				
	Ⅲ	21.33	3.239	0.152				

　　在麦垛山煤矿首采区水文地质补充勘探中,重点对直罗组下段砂岩含水层的富水性及水文地质特征进行了探查,直罗组下段含水层的单位涌水量为 0.009 6～0.299 5 L/(s·m),渗透系数为 0.013 6～0.955 7 m/d,水文地质参数与地质勘探阶段增大了一个数量级,这主要是由于水文地质补充勘探的主要目的含水层为直罗组下段含水层,富水性和渗透性强于直罗组含水层,主要成果见表 4-2。

　　由于前期 2 煤层大巷在掘进期间曾发生多次集中涌水,水文地质补充勘探阶段的成果资料已经不能够满足 2 煤层巷道掘进和工作面回采期间防治水工作的需要,为了进一步查明 2 煤层顶板直罗组下段含水层的水文地质条件,兼顾探查 1～2 煤层延安组含水层,在 2 煤层大巷开展了顶板含水层放水试验。根据放水试验成果,直罗组下段含水层渗透系数为 3.673～6.297 m/d,平均值为 4.958 m/d,根据裘布依公式算得影响半径 491.07～552.66 m,根据图解法求得影响半径为 643.55～673.84 m,单位涌水量为 3.74～5.83 L/(s·m),给水度为 9.76%。

表 4-2 直罗组下段砂岩含水层抽水试验成果表(据水文地质补勘资料)

孔号	含水层厚度/m	水位标高/m	降深/m	涌水量/(L/m)	单位涌水量/[L/(s·m)]	平均单位涌水量/[L/(s·m)]	标准单位涌水量/[L/(s·m)]	平均渗透系数/(m/d)
ZL1	49.22	1 301.59	30.61	5.243	0.171 3	0.172 2	0.146 9	0.309 1
			21.07	3.620	0.171 8			
			10.92	1.894	0.173 4			
ZL2	27.33	1 303.81	47.58	9.032	0.189 8	0.217 6	0.211 9	0.955 7
			31.88	6.983	0.219 0			
			15.65	3.820	0.244 1			
ZL3	37.57	1 305.97	47.70	5.747	0.120 5	0.146 9	0.204 4	0.529 5
			31.75	4.458	0.140 4			
			17.51	3.148	0.179 8			
ZL4	97.31	1 266.77	63.25	0.610	0.009 64	0.009 64	0.009 6	0.013 6
ZL5	29.88	1 304.33	29.47	5.492	0.186 3	0.197 8	0.178 5	0.657 3
			19.79	3.922	0.198 0			
			9.70	2.030	0.209 2			
ZL6	52.69	1 304.16	140.20	5.878	0.038 2	0.038 8	0.057 4	0.098 7
			94.02	4.239	0.039 1			
			48.23	2.396	0.039 2			
ZL7	60.32	1 304.10	44.24	10.268	0.231 2	0.247 9	0.299 5	0.532 6
			26.60	7.131	0.240 9			
			13.57	4.34 8	0.271 5			
ZL8	133.79	1 304.57	36.44	6.983	0.191 6	0.202 1	0.184 0	0.427 3
			24.84	5.001	0.201 3			
			12.33	2.633	0.213 5			
ZL9	59.40	1 308.60	126.76	4.458	0.035 2	0.036 0	0.031 9	0.061 7
			85.20	3.059	0.035 9			
			42.88	1.578	0.036 8			
ZL10	40.00	1 307.505	69.66	5.492	0.078 8	0.081 7	0.082 7	0.209 0
			47.27	3.820	0.080 8			
			24.56	2.100	0.085 5			

表 4-2(续)

孔号	含水层厚度/m	水位标高/m	降深/m	涌水量/(L/m)	单位涌水量/[L/(s·m)]	平均单位涌水量/[L/(s·m)]	标准单位涌水量/[L/(s·m)]	平均渗透系数/(m/d)
JD1	120.21	1 306.39	65.63	10.827	0.164 9	0.171 4	0.161 0	0.142 7
			44.49	7.579	0.170 3			
			4.026	22.50	0.178 9			
JD2	130.67	1 305.19	63.91	10.084	0.157 7	0.166 3	0.166 6	0.127 8
			41.68	6.840	0.164 1			
			20.43	3.620	0.177 1			
JD3	148.67	1 305.44	61.19	10.637	0.173 8	0.180 7	0.159 7	0.118 8
			40.31	7.279	0.180 6			
			19.28	3.620	0.187 8			
Ⅲ上1	71.36	1 309.51	81.11	10.637	0.131 1	0.132 3	0.116 0	0.182 0
			56.27	7.428	0.132 0			
			27.81	3.720	0.133 8			

② 2～6 煤层间砂岩裂隙-孔隙承压含水层(Ⅲ)

本含水层岩性由灰、灰白、深灰色不同粒级的砂岩组成,泥岩和煤层呈互层状夹于含水层之中,层位较稳定。由Ⅲ含水层等厚线图(图 4-4)可以看出,含水层砂岩厚度北部较薄、南部较厚,受沉积环境影响,沿走向厚度呈波状起伏,含水层厚度为 21.85～187.32 m,平均厚度为 74.03 m,地下水水位水头高度为1 310.0～1 412.6 m,该含水层可划分为上段(2～4 煤层间)、下段(4～6 煤层间)含水层。本含水层属弱含水层。

上段:全井田分布,由三角洲平原相和河流冲积平原相组成,每个旋回均具正粒序特征,岩性以灰至灰白色粉、细粒砂岩为主,夹有砂泥岩互层,岩性较致密,钙、泥质胶结,坚硬,颗粒支撑。据Ⅲ含水层上段等厚线图(图 4-5),含水层厚度为 5.4～119.69 m,平均厚度为 40.49 m,含水层砂体在 9～14 线之间相对较厚、在 18 线以南相对较薄。在原始状态下,垂向上:煤泥岩隔水层与砂岩含水层水力联系极弱,地下水呈层状以承压水形式分布;平面上:除局部地段存在水头压力较高的承压水外,大部分地区含水层水文地质条件简单,富水性弱。随着顶部 2～3 煤层开采后顶板冒落,该含水层与上部直罗组底部砂岩含水层地下水可能产生较为密切的水力联系,水文地质条件将发生较大变化,从而导致矿井涌水量增加。

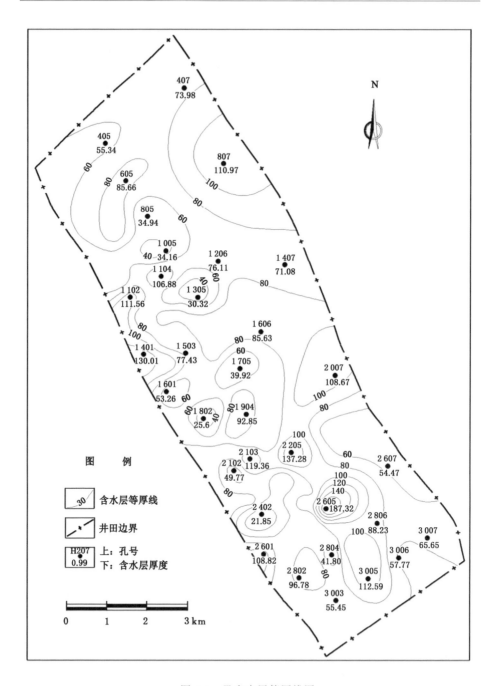

图 4-4　Ⅲ含水层等厚线图

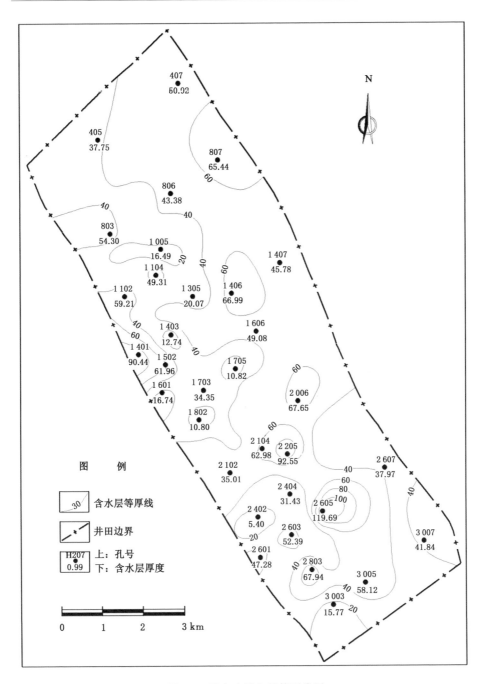

图 4-5　Ⅲ含水层上段等厚线图

下段:全井田分布,由三角洲平原相组成。砂岩多集中在旋回的中下部,岩性以灰至深灰色中、粗砂岩为主,局部地段如16线以南岩性泥质含量较高,夹灰黑色泥岩、粉细砂岩,构成6煤层基本顶,为6煤层直接充水含水层。据岩性鉴定及Ⅲ含水层下段等厚线图(图4-6),岩石较坚硬,钙质胶结,层位较稳定,含水层厚度为4.0～67.63 m,平均厚度为33.54 m,砂体分布为井田13线以北较厚、向南逐渐较薄。据Ⅲ含水层抽水试验资料(表4-3),含水层平均层厚为74.03 m,含水层单位涌水量自北而南逐渐增大,由0.000 1 L/(s·m)增大至0.053 L/(s·m)。北部含水层富水性相对较弱,1205-1孔抽水试验时,大约30 min即出现吊泵现象,采用相当于提筒抽水试验方法抽水30 min,恢复13 h 30 min基本稳定,其单位涌水量为0.000 12 L/(s·m),属极微弱富水性含水层;南部含水层富水性相对较强,据2303-1孔抽水试验资料,最大降深为76.58 m,涌水量为2.172 L/s,单位涌水量为0.028 L/(s·m),渗透系数为0.061 6 m/d,影响半径为119.69 m,仍属弱富水性含水层。

表 4-3 Ⅲ含水层抽水试验成果表

孔号	水位降低顺序	降深值/m	涌水量/(L/s)	单位涌水量/[L/(s·m)]	平均单位涌水量/[L/(s·m)]	标准单位涌水量/[L/(s·m)]	平均渗透系数/(m/d)	平均影响半径/m
1205-1	Ⅰ	147.0	0.018	0.000 12	0.000 12	0.000 1	0.000 2	21.91
1703-1	Ⅰ	7.67	0.513	0.067	0.049 3	0.052 0	0.049 7	33.08
	Ⅱ	15.45	0.68	0.044				
	Ⅲ	23.25	0.869	0.037				
1205-1	Ⅰ	147.0	0.018	0.000 12	0.000 12	0.000 1	0.000 2	21.91
2303-1	Ⅰ	25.56	1.461	0.057	0.040 7	0.053 1	0.061 6	119.69
	Ⅱ	51.08	1.894	0.037				
	Ⅲ	76.58	2.172	0.028				
Ⅲ上1	Ⅰ	237.03	0.22	0.000 933	0.000 933	0.001 3	0.052 3	542.07
风井井检孔	Ⅰ	37.14	0.863	0.023 2	0.023 2	0.025 5	0.018 3	50.24

Ⅲ含水层上、下段含水层富水性比较而言,煤层未开采时,表现为下段含水层渗透性、富水性强于上段;随着2～3煤层开采,含水层之间水力联系增强,上段含水层富水性将有所增强。据钻孔水质分析资料,Ⅲ含水层地下水矿化度为10.1～22.07 g/L,自南而北矿化度逐渐增大,水质类型为Cl·SO$_4$-Na型及Cl·SO$_4$-Na·Mg型。

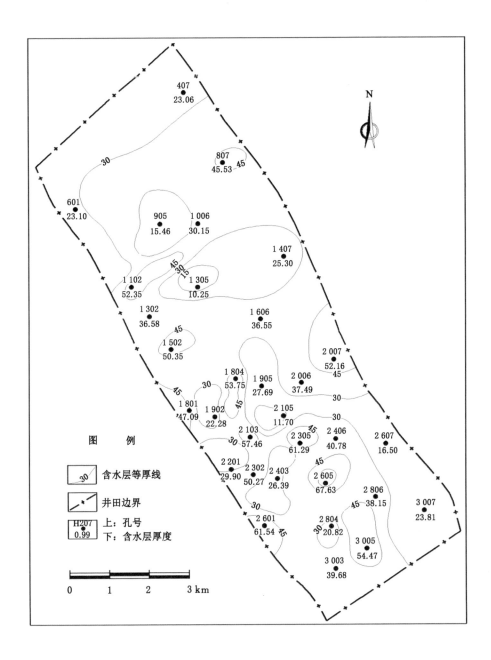

图 4-6　Ⅲ含水层下段等厚线图

③ 6～18 煤层间砂岩裂隙-孔隙承压含水层（Ⅳ）

本含水组由浅湖-三角洲体系的三角洲前缘相和三角洲平原相组成。含水层厚度为 18.06～137.51 m，平均厚度为 65.25 m，分选性中等，渗透性较差，富水性属弱至极弱，分布规律表现为中间厚、向南北两侧逐渐变薄，如图 4-7 所示。该含水层可划分为上段（6～12 煤层间）、下段（12～18 煤层间）含水层。

上段：由灰、浅灰、灰白色中砂岩、细粒砂岩组成，黑色泥岩、碳质泥岩、煤夹于其中，岩性致密、坚硬，含水层厚度为 6.56～67.03 m，平均厚度为 29.80 m，地下水水位水头高度为 1 307.22～1 312.87 m。其中，10 煤层、12 煤层上部岩性泥质含量较低，厚度较大，富水性相对较强。

下段：岩性以灰至灰黑色粉砂岩、细粒砂岩为主，夹薄层泥和煤层，砂岩与粉砂岩、泥岩呈互层状，含水层厚度为 10.05～72.05 m，平均厚度为 37.0 m。垂向上：富水性较强层位在 18 煤层上、下含水层；平面上：以 23 线 2304-1 孔富水性最强，标准单位涌水量为 0.113 2 L/(s·m)，属富水性中等偏弱，北部 1404-1 孔与南部 2805-1 孔富水性相对较差，但南部大于北部。

据 2304-1 孔抽水试验资料（表 4-4），地下水头高度为 1 312.87 m，当水位最大降深为 68.07 m 时，涌水量为 2.245 L/s，单位涌水量为 0.033 L/(s·m)，平均渗透系数为 0.136 3 m/d，影响半径为 155.43 m，属弱富水性含水层。水质分析成果表明，Ⅳ含水层地下水矿化度为 11.59～13.41 g/L，水质类型为 Cl·SO_4-Na 型。

表 4-4　Ⅳ含水层抽水试验成果表

孔号	水位降低顺序	降深值/m	涌水量/(L/s)	单位涌水量/[L/(s·m)]	平均单位涌水量/[L/(s·m)]	标准单位涌水量/[L/(s·m)]	平均渗透系数/(m/d)	平均影响半径/m
1404-1	Ⅰ	20.95	0.427	0.020 4	0.018 2	0.013 2	0.013 4	47.94
	Ⅱ	41.65	0.755	0.018 1				
	Ⅲ	62.35	1.008	0.016 2				
2304-1	Ⅰ	22.67	1.70	0.074 9	0.050 4	0.113 2	0.136 3	155.43
	Ⅱ	45.37	1.961	0.043 2				
	Ⅲ	68.07	2.245	0.033				
2805-1	Ⅰ	24.79	1.578	0.063 7	0.045 1	0.03	0.029 7	80.91
	Ⅱ	49.64	1.961	0.039 5				
	Ⅲ	74.49	2.396	0.032 2				

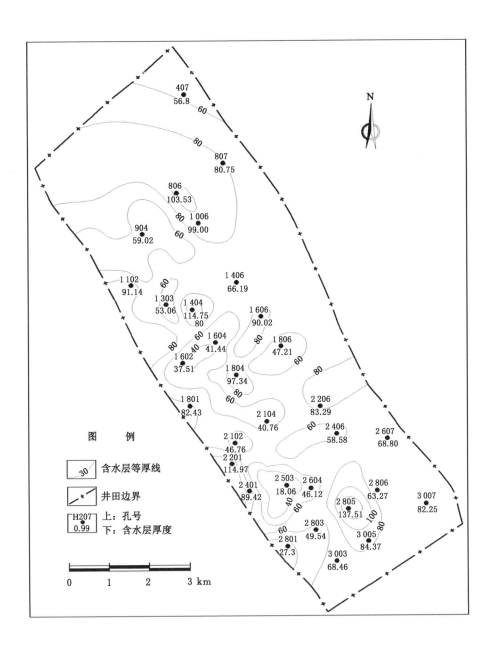

图 4-7　Ⅳ含水层下段等厚线图

④ 18 煤层以下至底部分界线砂岩含水层组（Ⅴ）

本含水层组主要为河流体系的冲积平原相，向上渐变为堤泛沉积，整体呈现下粗上细的沉积特点。

岩性特征表现为下部以灰白色砂岩为主（宝塔山砂岩），夹粉砂、泥岩，具大、中槽状及板状交错层理；含水层厚度受钻孔揭露地层深度影响，北部厚度一般小于 20 m，南部首采区以东、25 线以南大于 20 m，如图 4-8 所示。据钻孔统计资料，含水层砂岩厚度为 5.02～95.9 m，平均厚度为 27.27 m。据 1705-1 孔抽水试验资料（表 4-5），地下水头高度为 1 300.45 m，抽水试验时，大约 60 min 即出现吊泵现象，因此采用相当于提筒抽水试验的间歇抽水方法，即抽水 5 min，恢复 9 h 55 min 再继续抽水，其降深为 14.5 m，涌水量为 0.001 8 L/s，单位涌水量为 0.000 12 L/(s·m)，渗透系数为 0.000 009 m/d，影响半径为 0.43 m，属极弱富水性含水层，对煤层及井巷施工影响较小。据 1705-1 孔水质资料，地下水矿化度为 19.96 g/L，水质类型为 Cl·SO_4-Na 型。

表 4-5　Ⅴ含水层抽水试验成果表

孔号	水位降低顺序	降深值 /m	涌水量 /(L/s)	单位涌水量 /[L/(s·m)]	平均单位涌水量 /[L/(s·m)]	标准单位涌水量 /[L/(s·m)]	平均渗透系数 /(m/d)	平均影响半径 /m
1705-1	Ⅰ	14.5	0.001 8	0.000 12	0.000 12	0.000 12	0.000 009	0.43

4.2.2　隔水层

根据物探资料、岩性分析及岩石鉴定资料，隔水层以低阻、高密度的粉砂岩、泥岩为主。本区侏罗系地层为陆相地层，岩性、岩相变化较大，垂向上具明显的沉积旋回特征，岩性多为中、细砂岩与粉砂岩、泥岩互层，特别是含煤地层各旋回上部多由泥岩、粉砂岩或砂泥岩互层组成，结构致密，和煤层本身形成良好的隔水层。据统计，较为稳定的隔水层有：直罗组底部砂岩含水层顶板的粉砂岩、泥岩为主的隔水层，各主要煤层及其顶底板泥岩、粉砂岩组成的隔水层。现将主要隔水层分述如下。

（1）古近系砂质黏土岩隔水层

该隔水层是第四系与Ⅱ含水层之间的隔水介质，全井田分布，厚度较稳定，隔水层层厚为 4.65～115.0 m，平均厚度为 61.48 m，埋藏深度约 5 m，局部出露地表。该隔水层的隔水性质、分布范围、厚度大小对于直罗组砂岩含水层水文地质条件影响较大。

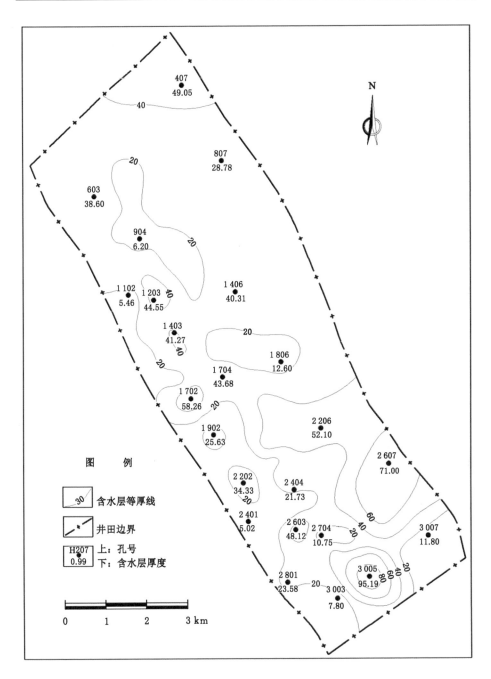

图 4-8 Ⅴ含水层等厚线图

由古近系地层等厚线图(图4-9)可以看出,隔水层分布除603、1204、2805等三个点厚度为4.65~13.23 m及12~16线间厚度为4.65~40 m外,大部分地区层厚大于40 m。据相邻红柳井田古近系砂质黏土岩岩土力学分析资料,结合本井田岩石鉴定成果认为:从力学属性来看,本井田古近系砂质黏土岩属黏塑性岩石,力学强度低,受力后发生变形,当应力超过弹性极限后发生破裂,破裂方式主要以黏性剪断为主,产生隐蔽裂隙和闭合裂隙,即使发育张裂隙,裂隙中也往往充填了自身破碎的泥质碎屑物。因此,其导水性与含水性很弱,且阻隔了第四系与Ⅱ含水层之间的水力联系,构成井田含水层顶部隔水边界。

(2)直罗组底部砂岩含水层顶板隔水层

该隔水层是Ⅱ含水层上段与下段(直罗组底部砂岩)含水层之间的隔水介质。据含(隔)水层厚度统计资料,结合钻孔岩性鉴定及地层剖面分析,隔水层在全井田分布,厚度较稳定,该隔水层埋藏深度一般为120~300 m,自南而北埋深逐渐增加。岩性以粉砂岩、泥岩为主,夹有少量薄层细粒砂岩,隔水层层厚为3.8~156.69 m,平均厚度为36.31 m。由Ⅱ隔水层顶板隔水层等厚线图(图4-10)可以看出,隔水层分布表现为首采区较厚、东侧较薄、沿走向线波浪起伏的特点。

据宁东煤田煤矿井巷施工调查,结合麦垛山井田水文地质资料分析,隔水层的隔水性与泥质含量高低呈正相关关系,与沉积环境、地下水赋存状态及构造性质、裂隙发育程度有关;当隔水层为岩性较细且致密的粉砂岩,或泥质含量较高的细砂岩,或砂岩与泥岩类呈互层状,岩性分布较稳定时隔水效果较好。在清水营煤矿井巷施工过程中,亦发现涌水段多发生在中、粗砂岩层;泥岩或砂岩与泥岩类呈互层状时涌水量极为微弱,粉砂岩中裂隙发育时涌水量略有增大,在粗砂岩与泥质细砂岩层面间呈现明显渗水界面;泥岩类厚度大于2.0 m时,则具有一定的隔水效果。

本井田简易水文观测表明,在该隔水层粉砂岩、泥岩钻进时,泥浆基本不消耗,中、粗砂岩层泥浆消耗有所增大,说明粉砂岩、泥岩类隔水效果良好。本井田范围内,直罗组底部砂岩含水层顶板隔水层普遍存在,阻隔了直罗组砂岩上段与下段含水层之间的水力联系,使得直罗组砂岩下段含水层为主采2煤层直接充水含水层,而直罗组砂岩上段含水层为间接充水含水层,对煤层开采影响较小。在不同深度具有隔水性能的粉砂岩、泥岩存在,使得含水层垂向上水力联系极弱,水循环极为缓慢,地下水水力流场以层流为主。

总之,Ⅱ含水层下段(直罗组底部砂岩)含水层顶板隔水层是较为稳定的隔水层,对于阻隔Ⅱ含水层上段及第四系含水层与基岩含水层之间的水力联系有

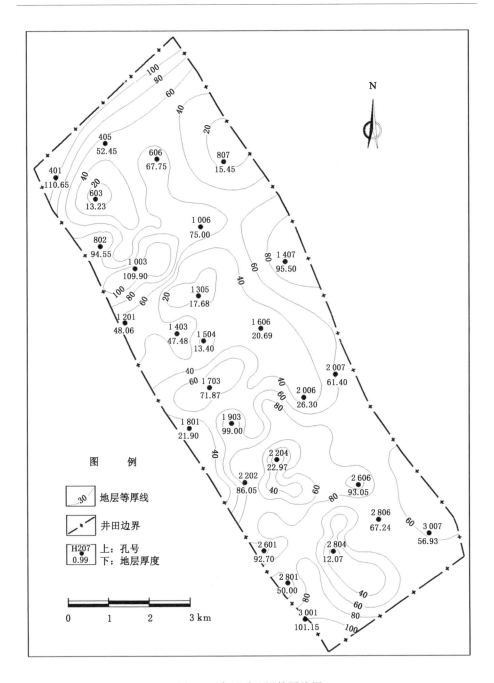

图 4-9 古近系地层等厚线图

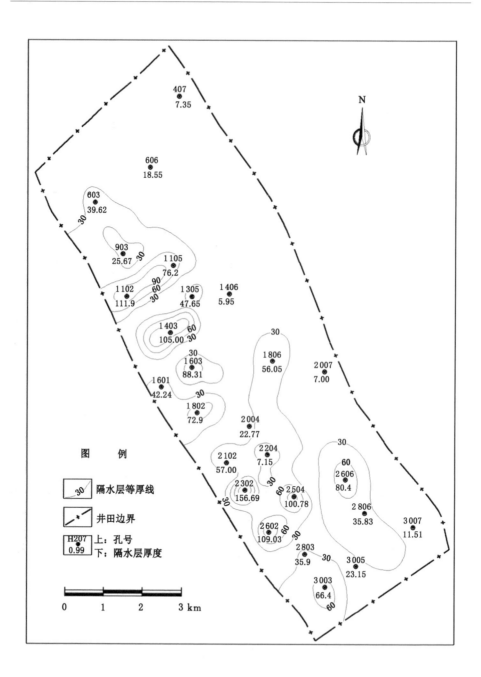

图 4-10 Ⅱ含水层顶板隔水层等厚线图

较好的隔水效果,特别是井田南部含水层埋藏较深的地区。但对于东、西部边界断层破碎带,地层稳定性较差,岩性变化较大,隔水层性能变化较大,使得直罗组砂岩含水层上、下段之间有一定的水力联系,且导致 Ⅱ 含水层下段水文地质条件发生变化。

（3）Ⅲ 含水层各段顶板隔水层

2～6 煤层之间隔水层包括 2 煤层、3 煤层组本身及顶底板砂泥岩互层隔水层。岩性主要为煤、灰黑色泥岩、粉砂岩互层,局部夹碳质泥岩及中、细砂岩薄层,结构致密。其中,上段 2 煤层、3 煤层组本身及顶底板砂泥岩互层隔水层层厚为 0.46～81.72 m,平均厚度为 21.85 m,如图 4-11 所示。隔水层分布稳定,仅 26 线以南较厚。原始状态下煤层未开采时,上、下含水层之间联系程度低,随 2 煤层开采,2 煤层顶板冒落,形成了广泛分布的采空区,裂隙、孔隙增大,隔水性能变差,使得含水层之间联系密切,Ⅲ 含水层上段富水性将有所增加。在 2～6 煤层之间,地层沉积为多旋回沉积,旋回初期岩性较粗,多为含水层,旋回后期岩性以砂岩与泥、粉砂岩互层较多,从而导致了 Ⅲ 含水层上、下段之间水力联系较差,对矿床开采影响以采空区老窑积水为主,随着采空区形成及地下水的疏干,冒落沉降带影响程度对上段有一定的影响,但对下段影响有限。

（4）Ⅳ 含水层各段顶板隔水层

该隔水层主要为 6 煤层本身及顶底板、10 煤层本身及顶底板,其中 6～10 煤层之间隔水层岩性为灰黑色泥岩、粉砂岩互层,局部夹碳质泥岩、细砂岩薄层。6 煤层本身及顶底板隔水层层厚为 0.83～93.85 m,平均厚度为 17.51 m。特别是上部隔水层结构致密,厚度较大,全区广泛分布,层位稳定,使得该隔水层隔水性能相对较好。由 Ⅳ 含水层顶板隔水层等厚线图(图 4-12)可以看出,隔水层分布表现为大部分地区厚度小于 10 m,沿走向线呈串珠状。

（5）Ⅴ 含水层顶板隔水层

该隔水层主要为含煤地层延安组第一段上部冲积平原泥炭沼泽相沉积,主要为 18 煤层及各煤分层本身和顶底板,岩性主要为细粒砂岩、粉砂岩、泥岩互层,隔水层层厚为 3.13～52.97 m,平均厚度为 19.25 m。井田内分布较稳定,隔水性能相对较好。由于 Ⅴ 含水层属极微弱含水层,该隔水层的存在使得 Ⅴ 含水层与其他含水层之间水力联系程度较低,因此 Ⅴ 含水层地下水对井田煤层开采影响不大。

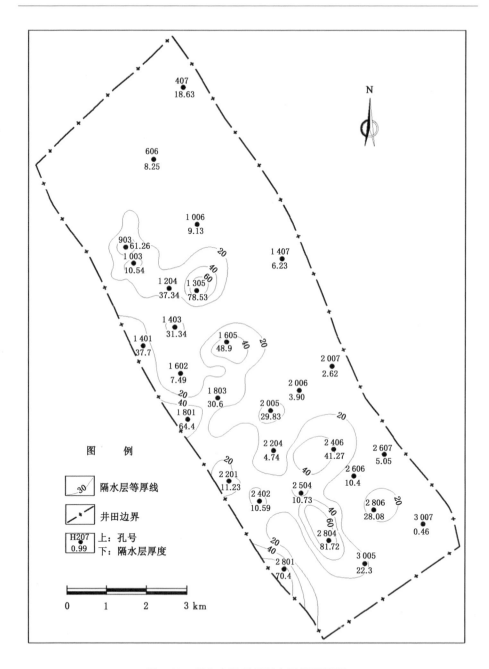

图 4-11　Ⅲ含水层顶板隔水层等厚线图

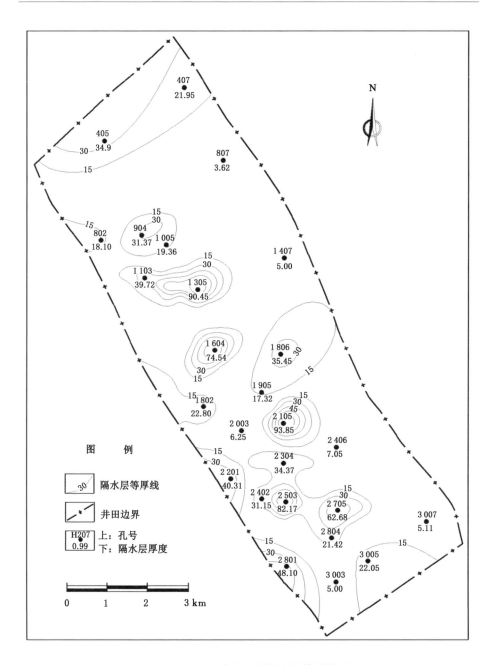

图 4-12 Ⅳ含水层顶板隔水层等厚线图

4.3 矿井充水条件

4.3.1 矿井充水水源

（1）侏罗系中统直罗组裂隙-孔隙含水层（Ⅱ）

该层底部砂岩较稳定，以粗粒砂岩为主，多为 2 煤层直接顶板，弱富水性，遇水冲击呈松散状，是影响本井田的主要含水层。根据地层沉积旋回、岩性特征及水文地质特征，直罗组底部粗粒砂岩为主要标志层，将含水层划分为上段及下段（"七里镇砂岩"含水层）。

根据《麦垛山煤矿 11 采区水文地质补充勘探报告》中对钻孔数据的分析，11 采区直罗组上段含水层与下段含水层之间隔水层较厚，开采 2 煤层引起的导水裂隙带未能沟通直罗组上段含水层，但是在 11 采区直罗组下段含水层与 2 煤层之间基本没有有效隔水层，加之 2 煤层的导水裂隙带发育高度较大，能够直接沟通直罗组下段含水层，因此直罗组下段含水层为 2 煤层的直接充水含水层。

据煤田钻孔简易水文资料，20～24 线之间的 7 个钻孔及全井田的 14 个钻孔，在钻进至直罗组底部砂岩时，水位下降，耗水量增大，漏水现象严重，说明该含水层渗透性较好，局部地段富水性相对较强。由于地下水水头压力较大，初见水量较大，特别是直罗组底部砂岩泥质胶结、结构松散至较松散，在地下应力场发生变化时，水动力条件发生变化，极易出现溃砂现象，会对矿床开采带来较大影响。

（2）2～6 煤层间砂岩裂隙-孔隙承压含水层（Ⅲ）

本含水层岩性由灰、灰白、深灰色不同粒级的砂岩组成，泥岩和煤层呈互层状夹于含水层之中，层位较稳定，含水层砂岩厚度北部较薄、南部较厚，受沉积环境影响，沿走向厚度呈波状起伏特点，含水层厚度为 21.85～187.32 m，平均厚度为 74.03 m，该含水层可划分为上段（2～4 煤层间）、下段（4～6 煤层间）含水层，见表 4-6。

麦垛山煤矿首采工作面在回采过程中产生的导水裂隙带势必会沟通 4～6 煤层间的含水层，此含水层成为 6 煤层的直接充水含水层。4～6 煤层间含水层全井田分布，由三角洲平原相组成。砂岩多集中在旋回的中下部，岩性以灰至深灰色中、粗砂岩为主，局部地段（如 16 线以南）岩性泥质含量较高，夹灰黑色泥岩、粉细砂岩，构成 6 煤层基本顶。

表 4-6　130604 和 130606 工作面顶板 4~6 煤层间含水层厚度统计表

钻孔	4~6 煤层间含水层厚度/m	钻孔	4~6 煤层间含水层厚度/m	钻孔	4~6 煤层间含水层厚度/m	钻孔	4~6 煤层间含水层厚度/m
2003	21.86	2303	29.58	2603	3.70	3003	26.32
2103	11.54	2403	3.38	2703	17.70	平均	17.59
2203	7.70	2503	31.89	2803	22.22		

（3）6~18 煤层间砂岩裂隙-孔隙承压含水层（Ⅳ）

本含水层组由浅湖-三角洲体系的三角洲前缘相和三角洲平原相组成。含水层厚度为 18.06~137.51 m,平均厚度为 65.25 m,分选性中等,渗透性较差,富水性属弱至极弱,分布规律表现为中间厚、向南北两侧逐渐变薄。该含水层可划分为上段（6~12 煤层间）、下段（12~18 煤层间）含水层。

（4）构造裂隙

构造裂隙包括各种节理、岩层褶皱以及断裂破碎带等,这些裂隙是主要储水富集带导水通道,特别是裂隙密集带呈集中涌水。因此,构造裂隙带充水对矿床开采和井巷工程常造成巨大威胁。本井田构造虽然简单,古近系砂质黏土隔水层分布连续且厚度稳定,南北向断层破碎带以压性为主,导水性较差,但在 22~23 线一带,东西向构造较为发育,断层交叉,地层裂隙发育,含水层富水性相对较强,对建井及开采影响相对较大。井田首采区两侧南北向断层多以压性断层为主,在天然状态下,破碎带往往富含糜棱质泥岩,钻孔抽水试验显示水量较微弱,简易水文观测反映也不明显,但在与东西断层交叉处,或受褶皱影响裂隙相对发育处,可能存在一定的储存量,一旦掘通,往往容易引起井下突水。

4.3.2　矿井充水通道

（1）导水裂隙带

本井田充水通道主要为煤层采空顶板岩石冒落形成的导水裂隙带。直罗组砂岩裂隙-孔隙含水层是 2 煤层的直接充水含水层,2~6 煤层间延安组含水层是 6 煤层的直接充水含水层,因此,对煤层开采后复合岩体破坏而引起冒落带和裂隙带的发育情况研究尤为重要。现对麦垛山井田各主采煤层开采冒落带、导水裂隙带高度进行计算,计算结果见表 4-7。

表 4-7　麦垛山井田各主采煤层开采冒落带、导水裂隙带高度计算结果

单位：m

统计	最小值	最大值	平均值	H_c	H_f
2 煤层	0.84	7.48	2.88	11.52	45.66
6 煤层	0.8	7.59	2.63	10.52	42.14
18 煤层	3.54	8.5	5.5	22.00	82.56

根据《矿区水文地质工程地质勘查规范》（GB/T 12719—2021），结合本区煤层顶底板岩石的工程地质特征（砂岩抗压强度平均为 24.39 MPa，泥岩、粉砂岩抗压强度平均为 20 MPa），选择冒落带、导水裂隙带高度计算公式为：

$$H_c = 4M$$

$$H_f = \frac{100M}{3.3n + 3.8} + 5.1$$

式中　H_c——冒落带最大高度，m；

　　　H_f——导水裂隙带最大高度，m；

　　　M——累计采厚，m；

　　　n——煤层开采层数。

结合本井田实际情况，2 煤层导水裂隙带发育高度平均值为 45.66 m，大于顶板隔水层厚度平均值 22.44 m，当 2 煤层工作面回采时，导水裂隙带能够沟通至直罗组下段含水层，成为主要的导水通道。6 煤层导水裂隙带发育高度平均值为 42.14 m，大于 6 煤层本身及顶底板隔水层平均厚度 17.51 m，导水裂隙带能够沟通至 4～6 煤层间延安组含水层，成为主要的导水通道。

（2）构造裂隙

正断层是在局部或区域侧向拉伸力作用下，上盘相对向下移动、下盘相对向上移动而产生的断层，由于正断层的张裂程度较大，两盘之间通常被尖角状或棱角状大小不等的角砾岩石所充填，由于断层带孔隙多、孔隙度大，加之断层两盘常伴有次生裂隙构造，而形成断层的裂隙带，与断层破碎带共同成为断层水的储存体和良好通道。当巷道掘进揭露断层，断层破碎带内的水或者断层沟通煤层顶板含水层水时，会使矿井涌水量显著增加。例如，井田内的杨家窑正断层、麦垛山正断层、F2 正断层以及石荒注正断层都是落差较大的正断层（最大落差 160 m），当在这几个正断层附近进行采掘活动时，一定要注意对断层含（导）水性的探查，以便为巷道或者工作面与断层之间防（隔）水煤岩柱的留设提供依据。

（3）封闭不良钻孔

针对麦垛山井田开展的地质工作较早,其中包括了石油部门和煤炭部门施工的大量钻孔,由于早期施工的钻孔存在封闭不良现象或者存在事故钻孔,这些钻孔可以将煤层顶底板各含水层沟通,当巷道掘进或者工作面回采揭露这些钻孔时,含水层中的水可能会通过这些封闭不良钻孔进入矿井,造成水害事故。当采掘活动接近封闭不良钻孔或者可疑钻孔时,要认真排查各封闭不良钻孔或者可疑钻孔,并且采取相应的措施,保障矿井的安全生产。

4.3.3　矿井充水强度

麦垛山煤矿矿井涌水量主要包括 4 个井筒、主水平和辅助水平的涌水量,自建井以来矿井涌水量分为三个阶段:井筒掘进、巷道掘进和工作面回采期间,其历时曲线如图 4-13 所示。由图 4-13 可以看出,矿井涌水量呈现出逐渐增大的趋势,从建井初期的 10 m^3/h 左右增大到 1 527 m^3/h(2019 年 11 月 21 日),并且有随着辅助水平 2 煤层巷道掘进和工作面回采矿井涌水量还会继续增大的趋势。

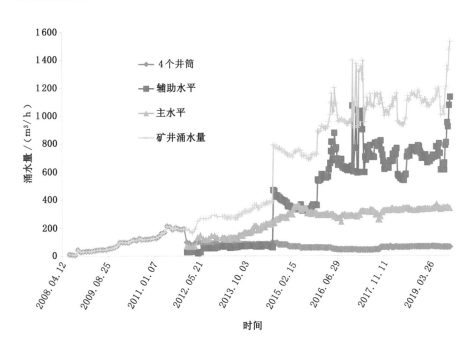

图 4-13　麦垛山煤矿历年矿井涌水量曲线图

(1)井筒掘进阶段

井筒掘进阶段矿井涌水量主要为 4 个井筒的涌水量,其中主斜井涌水量包括了初期辅助水平和主水平的部分涌水量。由图 4-14 可以看出,在井筒掘进期间,随着掘进进尺的不断增加,矿井涌水量随之呈现出缓慢增大的趋势。

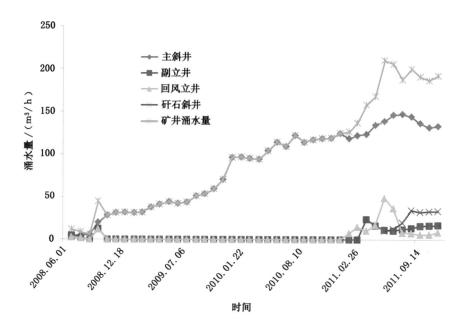

图 4-14　麦垛山煤矿井筒掘进阶段涌水量历时曲线图

(2) 巷道掘进阶段

巷道掘进阶段主要为辅助水平和主水平各巷道掘进时的涌水量。由图 4-15 可以看出,在巷道掘进阶段矿井涌水量随着巷道掘进进尺的增大,呈现出不断增加的趋势。2014 年 8 月矿井涌水量迅速由 383 m³/h 增大至 792 m³/h,这是由于 11 采区 2 煤层回风巷掘进至 3 号联络巷向西 97 m 处出现了溃水溃砂,导致矿井涌水量迅速增大,后期随着出水点水量减小,矿井涌水量呈现出逐渐减小的趋势。

(3) 工作面回采阶段

130602 工作面于 2015 年 8 月开始回采。由图 4-16 可以看出,在 13 采区各工作面回采阶段,矿井涌水量继续增大,井筒和主水平各工作面涌水量较小,并且基本保持稳定,矿井涌水量主要为辅助水平涌水量,且变化规律与辅助水平保持一致。

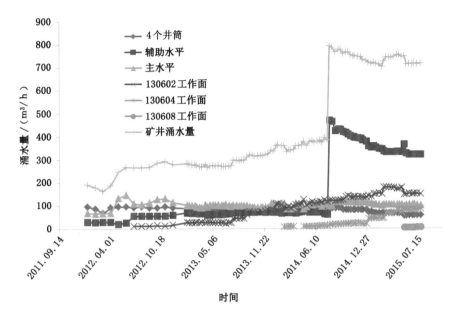

图 4-15　麦垛山煤矿巷道掘进阶段涌水量历时曲线图

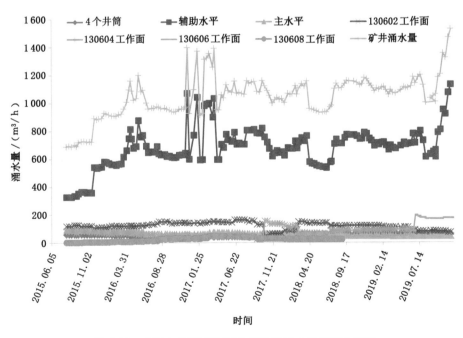

图 4-16　麦垛山煤矿工作面回采阶段涌水量历时曲线图

4.4 矿井充水状况

4.4.1 井下涌水点

麦垛山煤矿自建井至目前,井下共出现过 6 次集中涌水,下面对集中涌水情况分别进行介绍。

(1) 2013 年 10 月 14 日,130602 工作面 2 号风巷掘进至 2 028 m 处揭露 2504 钻孔发生出水,1 h 后实测最大涌水量为 300 m^3/h,稳定后为 180～200 m^3/h,出水原因为 2504 钻孔封闭不良,将直罗组含水层和 2～6 煤层间含水层水导入井下,后经支设 U 型钢棚和井下反向注浆进行治理。

(2) 2014 年 3 月 21 日,11 采区回风联络巷与回风立井辅助水平马头门贯通揭露冻结孔时,D21 冻结孔环形空间出水,最大水量为 85 m^3/h,出水原因为 D21 冻结孔环形空间注浆封堵不实,导通直罗组砂岩含水层。采用架设 U 型钢棚、架设木垛支护和采用浇筑 2 m 厚止浆墙注浆堵水进行处理。

(3) 2014 年 7 月 22 日,11 采区 2 煤层回风巷掘进至 3 号联络巷向西 97 m 处,距迎头 7 m 处出现溃水溃砂,涌水量约 80 m^3/h,7 月 28 日溃水溃砂峰值达 1 000 m^3/h,稳定后的涌水量约 400 m^3/h。出水原因为 F26 断层及其派生裂隙导通了 2 煤层顶板含水层和直罗组含水层。采用高压射流扰动注浆方法在 11 采区 3 号联络巷施工封堵体和隔水墙,并留设导水孔。

(4) 2015 年 8 月 21 日,11 采区 2 煤层回风巷掘进至 4 号联络巷向西 502 m 时,迎头退后 20 m 处的 3 号倒车硐室交叉处顶板下沉,锚索均有淋水,总涌水量为 12 m^3/h,8 月 26 日下沉趋于稳定,最大涌水量为 15 m^3/h。锚索导通含水层水后,顶板泥岩遇水变软、膨胀,覆岩中产生离层并充水,最终导致顶板下沉、淋水加大。对顶板下沉段先用液压支柱配合钢梁支护,并进行了疏水,同时架设 U 型钢棚,及时喷浆封闭和注浆加固。

(5) 2015 年 9 月 22 日,2 煤层辅助运输巷迎头 4 m 未架棚段,顶板来压、下沉、掉包,迎头退后 2 m 正顶部锚索孔出水 40～50 m^3/h。工作面局部隔水层变薄,距离延安组 1 煤层底板砂岩含水层 5 m 锚索导通该含水层是主要原因;锚索导通含水层水后,工作面顶板泥岩遇水变软、膨胀,覆岩中产生离层并充水,导致集中涌水。下沉段架设木垛支护,施工 2 个疏水孔,疏放水量为 38 m^3/h,对迎头注浆加固,并架设 6 架 U 型钢棚,施工远距离注浆孔,进行注浆加固。

(6) 2016 年 3 月 21 日,110207 带式输送机巷机头硐室掘进至开口 83 m 时,在巷道开口 39.6 m 处顶板再次来压,巷道一根锚索眼浆皮开裂,巷道顶板出水,涌水量为 80 m^3/h;3 月 22 日,涌水量增至 140 m^3/h;3 月 23 日,涌水量逐渐稳定在 85 m³/h,后稳定在 75 m³/h。采用先施工泄水孔集中泄水,对出水点处实施注化学浆堵水,并对顶板进行注浆加固,对出水点注浆加固后的顶板架设 U 型钢棚支护。

根据以上分析可以看出,6 次集中涌水中的 5 次发生在辅助水平,出水原因多种多样,出水量大,说明 2 煤层水文地质条件较为复杂,特别是 1～2 煤层间延安组含水层和直罗组下段含水层富水性和渗透性较强,是未来需要重点关注的含水层。

4.4.2　水量和水位变化规律

（1）水量变化规律

麦垛山煤矿矿井涌水量由建井初期的 11.9 m³/h（2008 年 7 月）增大至 1 527.0 m³/h 左右,涌水量变化呈现出波动增长的趋势,主要是受到了巷道掘进进尺不断增加、工作面疏放水和集中涌水的影响,如图 4-17 所示。

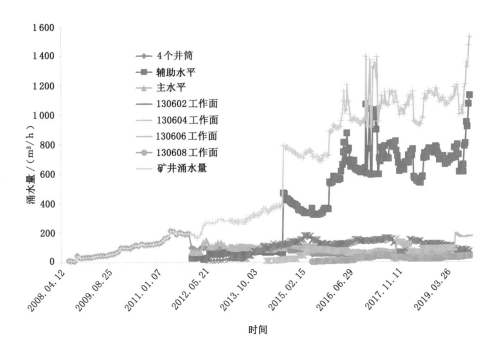

图 4-17　麦垛山煤矿 2008—2019 年矿井涌水量历时曲线图

4 个井筒涌水量在 2018 年变化幅度仅为 11 m³/h,说明 4 个井筒的涌水量已经基本和补给量呈平衡关系,并且在未来短时间内也会保持一个稳定的水量。

辅助水平涌水量由于出现了几次集中涌水而呈现出跳跃式的增长,受到新出水点的出现和原出水点水量衰减的影响,在几次曲线突变之间涌水量呈现出波动变化的特点。

主水平及其各工作面涌水量变化幅度不大。

（2）水位变化规律

由于部分水文长观孔的水位监测仪器受到损坏或故障,仅有 ZL1、ZL2、ZL5、ZL6 和 ZL7 水文长观孔的水位监测数据（图 4-18 和图 4-19）。由水位数据可以看出,随着 2 煤层大巷的开拓,逐渐出现涌水点,导致直罗组下段含水层的长观孔水位均有不同程度的下降。2015 年 6 月,2 煤层回风大巷集中涌水水量较大,持续时间较长,使距离出水点较近的 ZL5、ZL6 和 ZL7 长观孔水位下降幅度较大;2016 年 11 月,开展 2 煤层大巷放水试验,距离放水试验最近的 ZL7 长观孔水位呈大幅下降趋势,当放水试验结束后,ZL7 长观孔水位逐渐平稳。

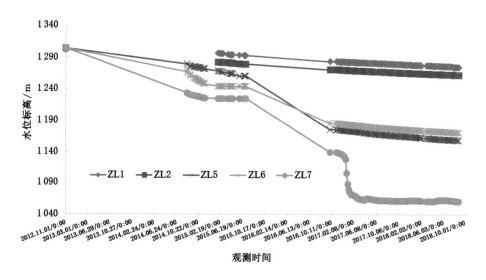

图 4-18　麦垛山煤矿长观孔水位历时变化曲线图

4.4.3　矿井最大涌水量和正常涌水量

近几年,麦垛山煤矿矿井正常涌水量为 1 052.7 m^3/h,最大涌水量为 1 527.0 m^3/h（2019 年 11 月）;辅助水平正常涌水量为 686.6 m^3/h,最大涌水量为 1 132.0 m^3/h（2016 年 11 月）;主水平正常涌水量为 311.5 m^3/h,最大涌水量为 365.0 m^3/h（2019 年 6 月）。

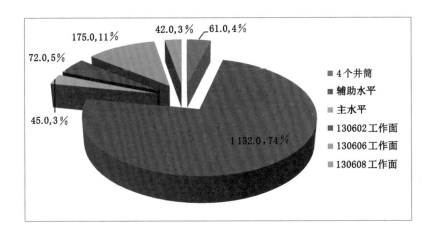

图 4-19　麦垛山煤矿井筒、主水平、辅助水平和各工作面涌水量及比例图

4.4.4　涌水量构成分析

麦垛山煤矿矿井涌水量为 1 527.0 m³/h,井筒涌水量为 61.0 m³/h,占 4%;辅助水平涌水量为 1 132.0 m³/h,占 74%;主水平(不包括各工作面)涌水量为 45.0 m³/h,占 3%;130602 工作面涌水量为 72.0 m³/h,占 5%;130606 工作面涌水量为 175.0 m³/h,占 11%;130608 工作面涌水量为 42.0 m³/h,占 3%。由以上数据可以看,辅助水平涌水量占矿井涌水量的绝大部分,主要是由于 2 煤层顶板 1~2 煤层间延安组含水层和直罗组下段砂岩含水层富水性较强,无论是 2 煤层回风大巷的出水点还是揭露直罗组下段含水层的探放水钻孔水量均较大。主水平及其各工作面水量较小。

4.5　复合含水层下掘进巷道充水因素

图 4-20 是 110207 工作面顶板煤岩层对比图。由图 4-20 可以看出,110207 工作面巷道距离Ⅱ含水层 16.32~35.06 m,巷道掘进产生的围岩松动圈和锚杆、锚索均沟通不到Ⅱ含水层,因此,掘进期间面临的主要水害威胁来自Ⅲ含水层。工作面切眼附近(1802 和 1902 钻孔)及中部(1602 和 1702 钻孔)2 煤层顶板直接隔水层较薄(0.50~10.60 m),且Ⅲ含水层较厚(13.57~25.40 m),巷道在掘进过程中势必会对Ⅲ含水层造成扰动,存在顶板水害的隐患。

110207 工作面巷道掘进过程中水害威胁严重的区域主要位于工作面切眼和中部,顶板水防治和巷道支护存在以下几个难点:① 巷道直接顶板隔水层较

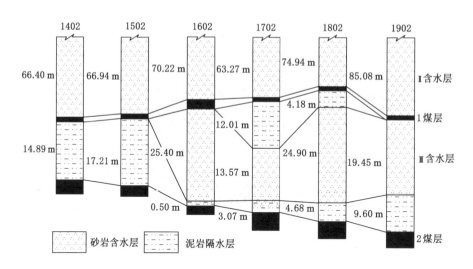

图 4-20　110207 工作面顶板煤岩层对比图

薄,常规探放水钻孔难以施工,大仰角钻孔无法下设止水套管,小仰角钻孔则易对顶板造成破坏;② 顶板弱胶结岩层在裂隙、锚杆或锚索作用下稳定性变差,难以支护;③ 巷道掘进过程中顶板弱胶结岩层易形成离层空间,蓄水后常诱发顶板事故。

第5章　掘进巷道顶板含水层放水试验研究

5.1　钻孔施工概况及试放水

5.1.1　钻孔施工概况

本次放水试验包括1～2煤层间延安组含水层放水试验和直罗组下段含水层放水试验,因此,钻孔施工也包括两个阶段:第一阶段主要为1～2煤层间延安组含水层放水试验钻孔施工;第二阶段主要为直罗组下段含水层放水试验钻孔施工。

（1）第一阶段钻孔施工情况

第一阶段钻孔施工于2016年10月20日开始,于2016年12月2日结束,共计44天,各钻孔施工情况与参数见表5-1。

表5-1　1～2煤层间延安组含水层钻孔施工情况与参数

钻孔	施工时间	孔深 /m	见水位置(m)/ 见水水量(m³/h)	终孔水量 /(m³/h)	终孔水压 /MPa	注浆量 /m³	终孔层位
FS0	11.27—11.29	57.0	52.5/40	180	1.20	0.7	1煤层
FS1-1	11.23—11.26	64.5	35/40	180	0.95	0.4	
FS1-2	10.30—11.09	159	60/72	130	1.00	3.3	直罗组下段含水层顶板
FS2-1	11.10—11.17	114	46.5/175	180	1.10	20.9	
FS2-2	11.14—11.25	157	51/170	200	1.00	64.9	
G1	11.28—12.02	58.5	39/30	180	1.10	1.4	1煤层
G2	11.20—11.23	60		102	1.05	0.9	
G3	10.20—10.25	123		16	1.10	1.0	直罗组下段含水层顶板
G4	11.10—11.19	157.5	54/160	180	1.00	22.2	
G5	10.24—11.05	114	49.5/23	102	1.02	3.3	

① 见水位置和见水水量

所有钻孔见水位置基本上均在35～60 m之间,也就是在1～2煤层间延安组含水层,见水水量为 23～175 m³/h,说明 1～2 煤层间延安组含水层富水性不均一。

② 终孔水量

除了 G3 钻孔终孔水量为 16 m³/h 外,其他钻孔终孔水量均超过 100 m³/h,说明无论是 1～2 煤层间延安组含水层还是直罗组下段含水层,富水性均较强。

③ 终孔水压

所有钻孔的终孔水压均在 0.95～1.20 MPa 之间,说明 1～2 煤层间延安组含水层和直罗组下段含水层水位基本一致,也可能两者存在较好的水力联系。

④ 1～2 煤层间延安组含水层封堵注浆量

除了 FS0、FS1-1、G1 和 G2 钻孔,其他施工至直罗组下段含水层的钻孔对 1～2 煤层间延安组含水层均进行注浆封堵,其注浆量存在明显差别,G4、FS2-1 和 FS2-2 钻孔注浆量较大,分别为 22.2 m³、20.9 m³ 和 64.9 m³,G3、G5 和 FS1-2 钻孔注浆量较小,分别为 1.0 m³、3.3 m³ 和 3.3 m³,这主要是由于 G4、FS2-1 和 FS2-2 钻孔附近断层和裂隙发育,注浆量较大。

各钻孔的开孔标高见表 5-2。

表 5-2　放水试验钻孔开孔标高

钻孔	开孔高程/m	钻孔	开孔高程/m	钻孔	开孔高程/m
FS0	+1 023.23	FS2-2	+1 021.50	G4	+1 021.15
FS1-1	+1 024.32	G1	+1 023.42	G5	+1 017.32
FS1-2	+1 028.63	G2	+1 025.91	JD1	
FS2-1	+1 021.78	G3	+1 031.97	JD2	

(2) 第二阶段钻孔施工概况

第二阶段钻孔施工于 2016 年 12 月 13 日开始,于 2017 年 1 月 1 日结束,共计 20 天,各钻孔施工情况与及参数见表 5-3。

表 5-3　1～2 煤层间延安组含水层钻孔施工情况与参数

钻孔	施工时间	孔深/m	见水位置(m)/见水水量(m³/h)	终孔水量/(m³/h)	终孔水压/MPa	注浆量/m³	终孔层位
FS0	12.13—12.17	158.0	52.5/40	180	1.20	8.0	延伸至直罗组下段含水层
FS1-1	12.17—12.20	157.5	35/40	180	0.95	17.0	
G1	12.18—12.25	114.0	39/30	100	1.10	17.2	
G2	12.21—12.24	113.0	60/6	120	1.05	8.5	

表 5-3(续)

钻孔	施工时间	孔深/m	见水位置(m)/ 见水水量(m³/h)	终孔水量 /(m³/h)	终孔水压 /MPa	注浆量 /m³	终孔层位
JD1	12.26—01.01	113.0	51/50	180		3.7	直罗组下
JD2	12.27—12.31	113.0	60/12	30		1.8	段含水层

① FS1-1 和 G1 钻孔由于前期 1~2 煤层间延安组含水层放水试验时塌孔现象严重,大量岩屑和岩块随着放水进入巷道,导致钻孔周边出现空腔,后期注浆量也相应增大。

② JD2 钻孔终孔水量为 30 m³/h,说明直罗组下段含水层富水性不均一。

5.1.2　试放水试验

在正式放水前,应开展试验性放水工作,目的是初步了解水位降深与放水量之间的关系,检查观测设备、排水系统、观测人员、工作制度及应急预案等是否满足放水试验要求,为正式放水试验实施提供依据,对发现的问题及时整改。试验放水时间不少于 2 天,观测技术要求与正式放水阶段要求相同。

(1) 1~2 煤层间延安组含水层试放水过程

1~2 煤层间延安组含水层试放水于 2016 年 12 月 5 日 21:00 开始,于 2016 年 12 月 7 日 21:00 结束,共计 48 h,放水孔为 FS0 和 FS1-1,观测孔为 FS1-2、FS2-1、FS2-2、G1~G5 和地面长观孔。

① 放水孔水量变化

a. FS0 钻孔水量变化

试放水前 FS0、FS1-1 和 G2 均有不同程度的堵孔,2016 年 12 月 5 日 17:00—19:00 对 FS0 钻孔进行扫孔,扫孔至 30 m 时水量由 40 m³/h 增大到 102 m³/h,12 月 6 日 20:00—21:10 对 FS0 钻孔再次扫孔,扫孔至 57 m 时水量由 90 m³/h 增大到 180 m³/h,12 月 7 日 18:30—21:30 对 FS0 钻孔进行第三次扫孔,扫孔至 57 m 时水量由 45 m³/h 增大到 200 m³/h。

FS0 钻孔水量变化曲线如图 5-1 所示。

b. FS1-1 钻孔水量变化

FS1-1 钻孔于试放水前堵孔,12 月 7 日早班自动冲开,水量达到 180 m³/h,随后又发生堵孔,后于 12 月 8 日 5:45 钻孔再次被冲开,水量达到 280 m³/h 左右,如图 5-2 所示。

② 观测孔水位变化

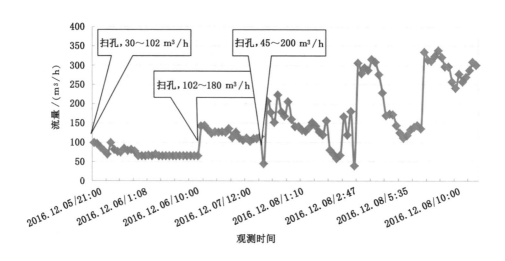

图 5-1 试放水 FS0 钻孔水量历时变化曲线图(文本框内数字为扫孔前后水量)

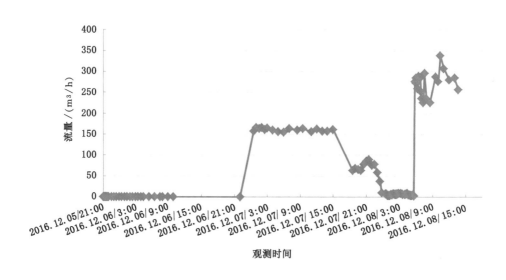

图 5-2 试放水 FS1-1 钻孔水量历时变化曲线图

a. 1~2 煤层间延安组含水层观测孔水位变化

由于 1~2 煤层间延安组含水层观测孔 G1 和 G2 距离放水孔 FS0 和 FS1-1 最近,当 G1 和 G2 钻孔开始放水后,FS0 和 FS1-1 钻孔水位立刻出现下降,并且随后的水位随着放水孔水量变化而出现升降,如图 5-3 所示。

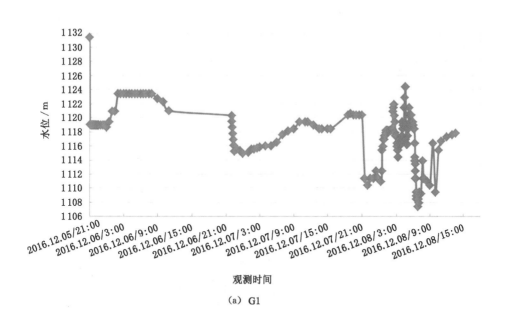

(a) G1

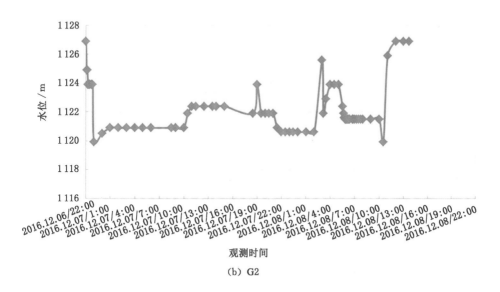

(b) G2

图 5-3　1～2 煤层间延安组含水层观测孔水位历时变化曲线图

b. 直罗组下段含水层观测孔水位变化

直罗组下段含水层观测孔水位在试放水阶段均呈现出不同程度的变化，地面长观孔 ZL5、ZL6 和 ZL7 水位变化幅度较井下 G3、G4、G5、FS1-2、FS2-1 和 FS2-2 小,如图 5-4 所示。

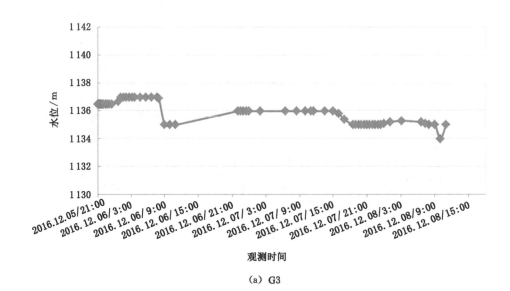

（a）G3

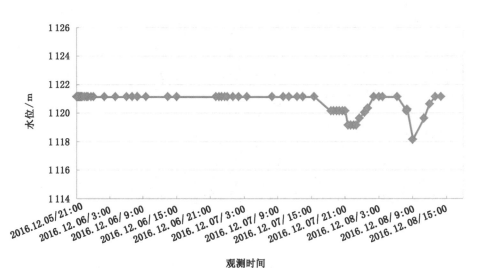

（b）G4

图 5-4　直罗组下段含水层观测孔水位历时变化曲线图

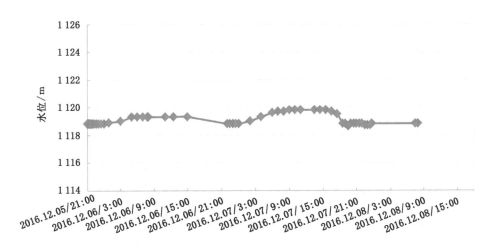

（c）G5

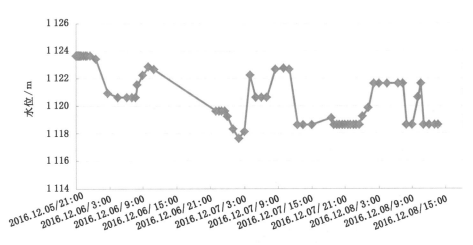

（d）FS1-2

图 5-4　（续）

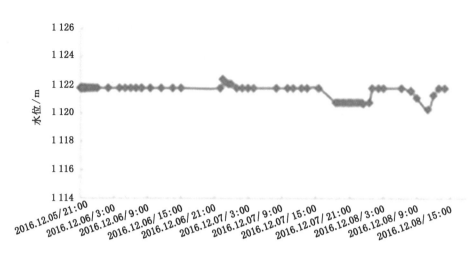

观测时间

(e) FS2-1

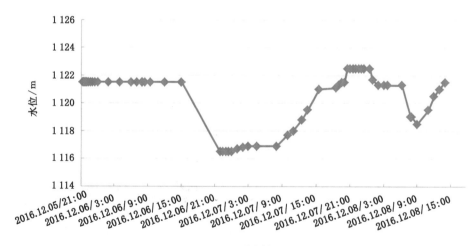

观测时间

(f) FS2-2

图 5-4　（续）

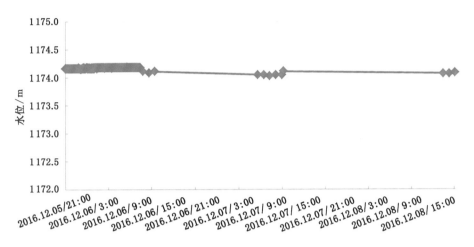

（g）ZL5

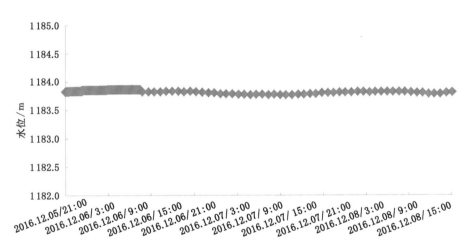

（h）ZL6

图 5-4　（续）

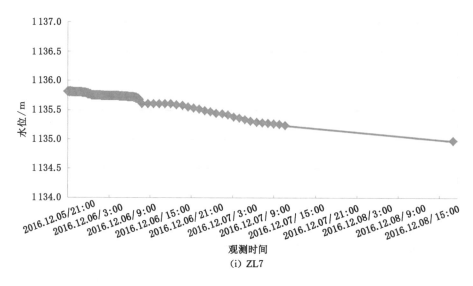

(i) ZL7

图 5-4 （续）

（2）直罗组下段含水层试放水过程

直罗组下段含水层试放水于 2016 年 12 月 30 日 20:00 开始,于 2017 年 1 月 5 日 16:00 结束,共计 140 h,其中 2016 年 12 月 30 日 20:00—2017 年 1 月 1 日 20:00 为 FS0 单孔试放水,放水孔为 FS0,观测孔为 FS1-1、FS1-2、FS2-1、FS2-2、G1～G5 和地面长观孔;2017 年 1 月 5 日 10:30—2017 年 1 月 5 日 16:00 为多孔试放水,放水孔为 FS0、FS1-1、FS1-2、FS2-1、FS2-2,观测孔为 G1～G5、JD1、JD2 和地面长观孔。

① 单孔试放水的放水孔水量变化

FS0 钻孔为单孔试放水的放水孔,其水量基本保持在 190 m^3/h 左右,在放水过程中没有明显衰减,其水量历时变化曲线如图 5-5 所示。

② 多孔试放水放水孔水量变化

FS0、FS1-1、FS1-2、FS2-1 和 FS2-2 钻孔为多孔试放水的放水孔,水量保持在 220 m^3/h 左右,在放水过程中没有明显衰减,水量历时变化曲线如图 5-6 所示。

③ 单孔试放水的放水孔水位变化

在单孔试放水过程中,关闭 FS0 放水孔后对其水位进行了观测,其水位历时变化曲线如图 5-7 所示。

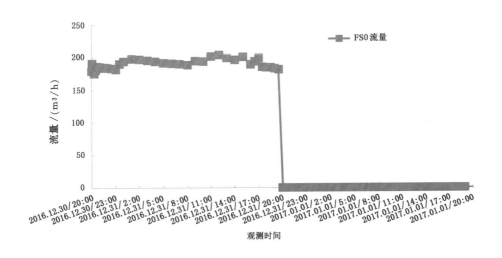

图 5-5　直罗组下段含水层单孔试放水放水孔水量历时变化曲线图

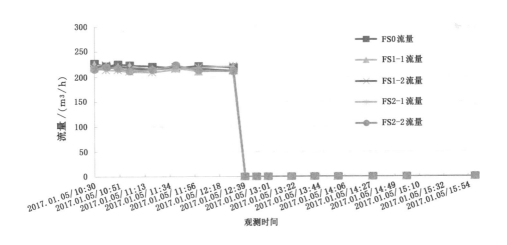

图 5-6　直罗组下段含水层多孔试放水放水孔水量历时变化曲线图

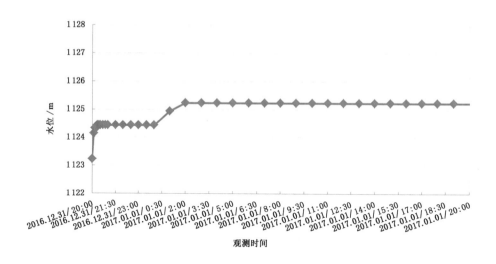

图 5-7　直罗组下段含水层单孔试放水放水孔水位历时变化曲线图

④ 单孔试放水的观测孔水位变化

FS0 单孔试放水时,除了 G4、G5、FS1-2、FS2-2、ZL5 和 ZL6 观测孔水位变化不明显或者无变化外,其他观测孔水位均发生了显著的变化,如图 5-8 所示。

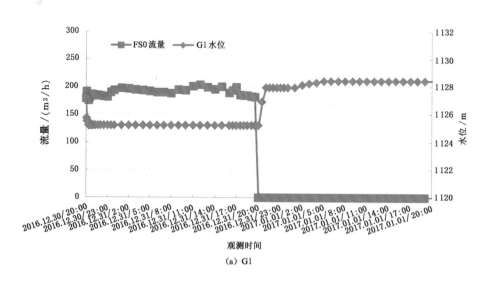

(a) G1

图 5-8　直罗组下段含水层单孔试放水放水孔水位历时变化曲线图

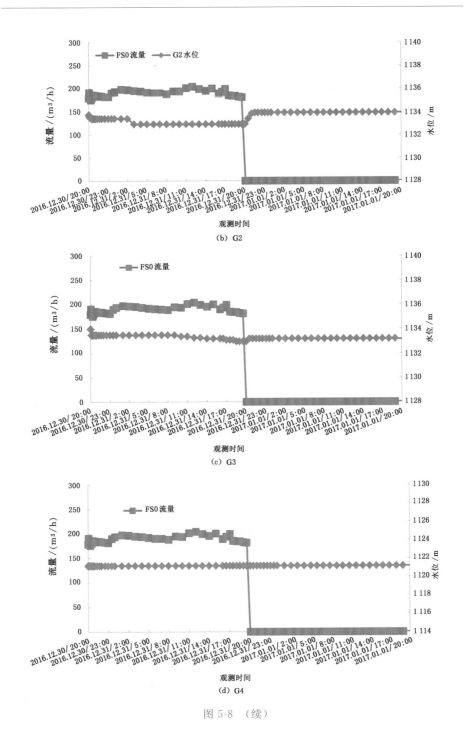

(b) G2

(c) G3

(d) G4

图 5-8　（续）

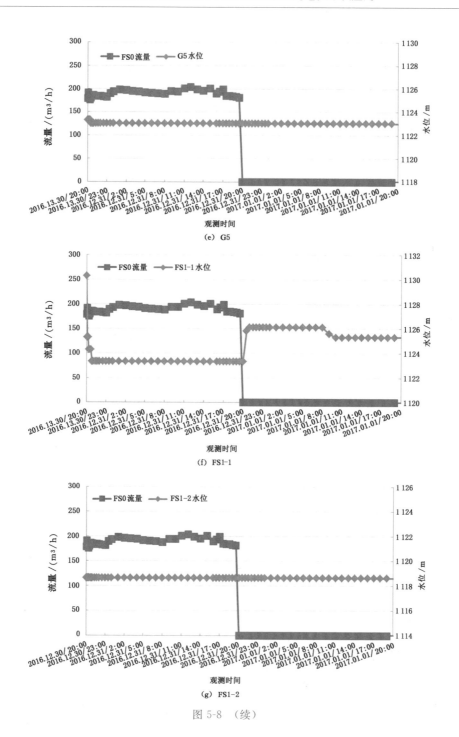

(e) G5

(f) FS1-1

(g) FS1-2

图 5-8 （续）

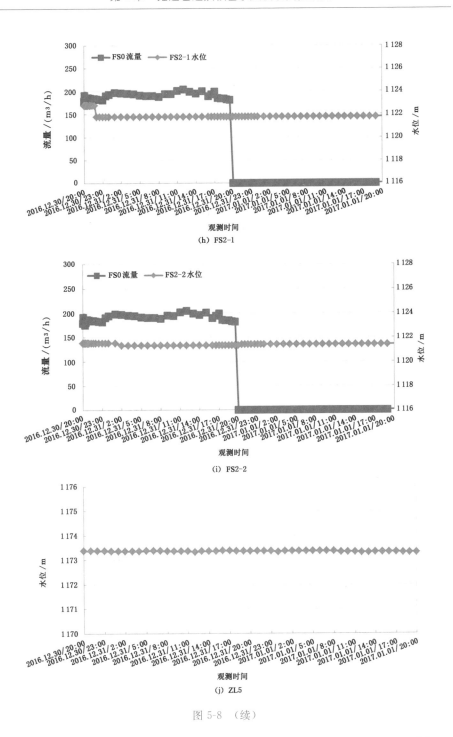

(h) FS2-1

(i) FS2-2

(j) ZL5

图 5-8 （续）

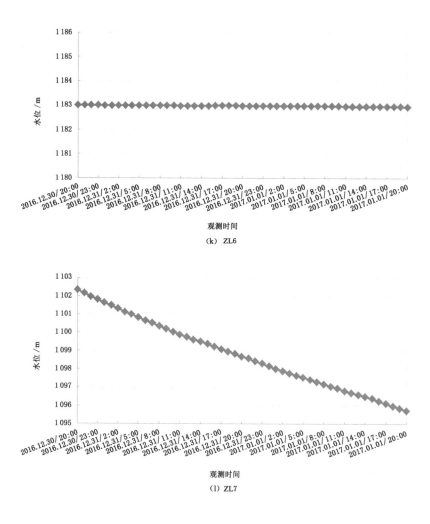

（k） ZL6

（l） ZL7

图 5-8 （续）

⑤ 多孔试放水的放水孔水位变化

在多孔试放水过程中，关闭所有放水孔后对各孔水压进行了观测，其水位历时变化曲线如图 5-9 所示。

⑥ 多孔试放水的观测孔水位变化

FS0、FS1-1、FS1-2、FS2-1 和 FS2-2 多孔试放水时，除了 G3、G5 和 JD1 观测孔水位变化不明显外，其他观测孔水位均发生了显著的变化，如图 5-10 所示。

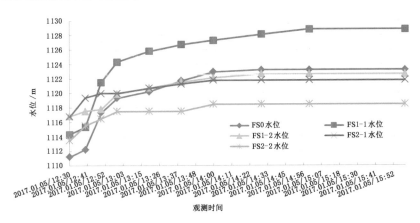

图 5-9　直罗组下段含水层多孔试放水放水孔水位历时变化曲线图

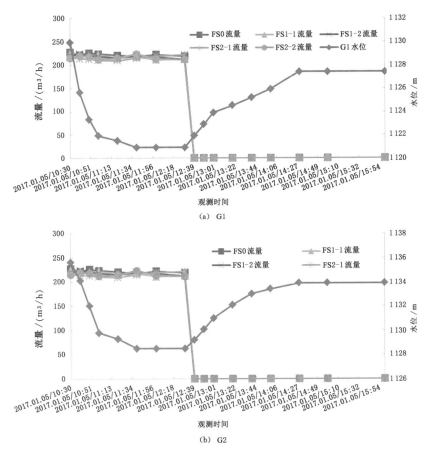

(a) G1

(b) G2

图 5-10　直罗组下段含水层多孔试放水观测孔水位历时变化曲线图

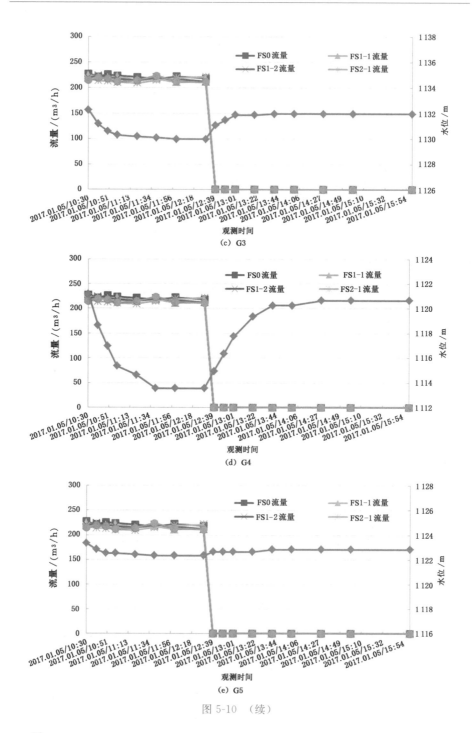

(c) G3

(d) G4

(e) G5

图 5-10 （续）

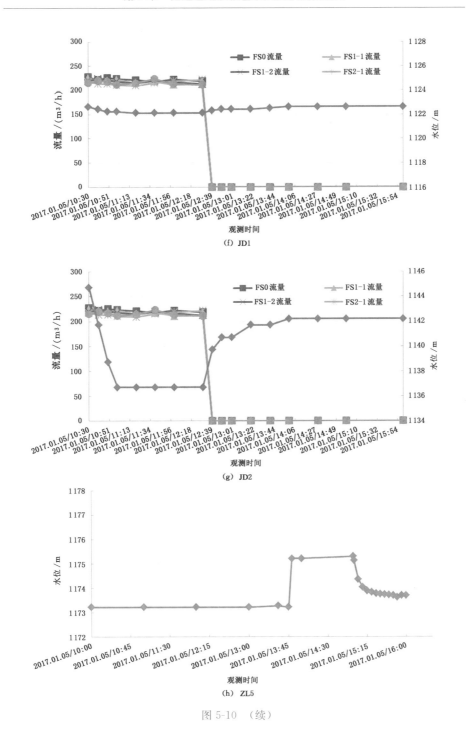

图 5-10　（续）

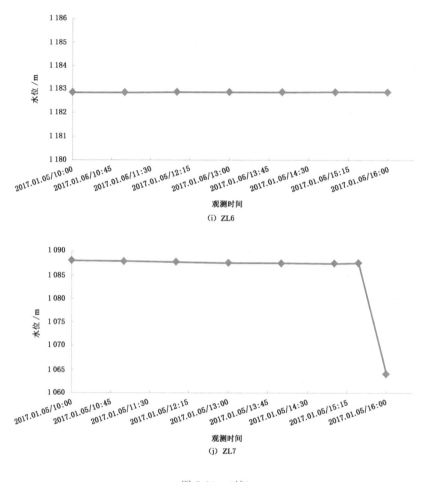

(i) ZL6

(j) ZL7

图 5-10　（续）

5.2　1~2 煤层间延安组含水层放水试验

5.2.1　1~2 煤层间延安组含水层放水过程

1~2 煤层间延安组含水层放水试验于 2016 年 12 月 9 日 15：00 开始，于 12 月 13 日 8：00 结束，共计 89 h，其中包括 3 次放水试验（FS0 钻孔单孔放水试验、G1 钻孔单孔放水试验和 FS0、G1 多孔放水试验），累计放水总量 8 900 m³，见表 5-4。

表 5-4　1～2 煤层间延安组含水层放水试验概况表

序号	放水试验	放水钻孔	放水流量/(m³/h)	时间/h	放水总量/m³
1	1～2 煤层间延安组含水层单孔放水试验	FS0	80	7	560
			130	12	1 560
			180	11	1 980
			恢复水位	12	
2	1～2 煤层间延安组含水层单孔放水试验	G1	240	9	2 160
			恢复水位	7	
3	1～2 煤层间延安组含水层多孔放水试验	FS0、G1	440	6	2 640
			恢复水位	25	

5.2.2　1～2 煤层间延安组含水层放水观测数据

（1）1～2 煤层间延安组含水层 FS0 单孔放水

1～2 煤层间延安组含水层单孔放水试验（FS0 钻孔）于 2016 年 12 月 9 日 15:00 开始,于 12 月 11 日 9:00 结束,共计 42 h,放水钻孔为 FS0,1～2 煤层间延安组含水层观测孔为 G1 和 G2（FS1-1 钻孔由于堵孔,其数据不参与分析）,直罗组下段含水层观测孔为 G3～G5、FS1-2、FS2-1 和 FS2-2,其中 80 m³/h 定流量放水 7 h,130 m³/h 定流量放水 12 h,180 m³/h 定流量放水 11 h, 恢复水位 12 h,如图 5-11 所示。

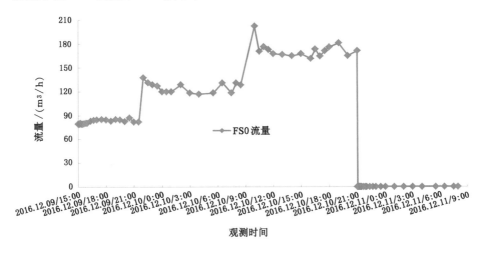

图 5-11　1～2 煤层间延安组含水层放水试验 FS0 放水孔水量历时变化曲线图

① 1～2 煤层间延安组含水层水位变化

a. G1 钻孔水位变化

G1 钻孔由于距离放水钻孔 FS0 最近(50 m),在 FS0 钻孔开始放水时,水位便出现了显著变化,此后,随着 FS0 钻孔放水水量的不断增大,其水位呈现出较为明显的三个阶段变化,当 FS0 钻孔停止放水后水位迅速出现回升,并且在短时间内水位便呈现稳定趋势,G1 钻孔水位变化历时曲线如图 5-12 所示。

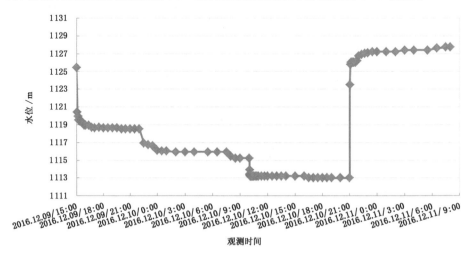

图 5-12   G1 钻孔水位历时变化曲线图

FS0 钻孔于 2016 年 12 月 10 日 21:00 开始停止放水。由图 5-13 可以看出,从停止放水的 10 min 内,G1 钻孔水位便恢复了 88%,说明 1～2 煤层间延安组含水层补给条件非常好。

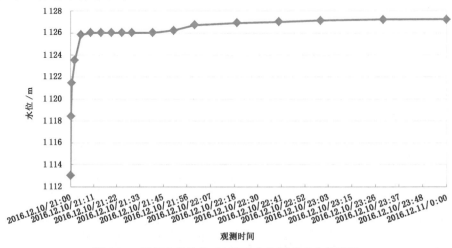

图 5-13   恢复水位阶段 G1 钻孔水位历时变化曲线图

b. G2 钻孔水位变化

G2 钻孔距离 FS0 放水钻孔 100 m，当 FS0 开始放水和逐步增大放水水量的时候，G2 钻孔水位对其响应程度要弱于 G1 钻孔，并且可能受到其他因素的影响，其水位变化历时曲线不如 G1 钻孔的平滑，如图 5-14 所示。

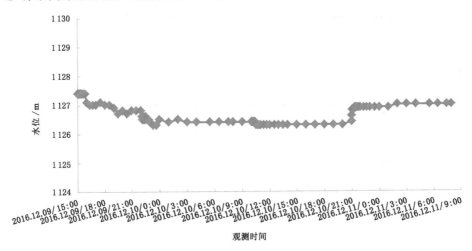

图 5-14　G2 钻孔水位历时变化曲线图

② 直罗组下段含水层水位变化

在 FS0 钻孔放水时，直罗组下段含水层的观测孔包括 G3～G5、FS1-2、FS2-1 和 FS2-2。由图 5-15 可以看出，当 FS0 钻孔对 1～2 煤层间延安组含水层进行放水时，直罗组下段含水层水位均发生不同程度的变化，但是水位变化幅度基本上小于 1～2 煤层间延安组水位。

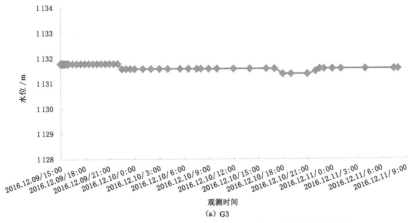

(a) G3

图 5-15　直罗组下段含水层观测孔水位历时变化曲线图

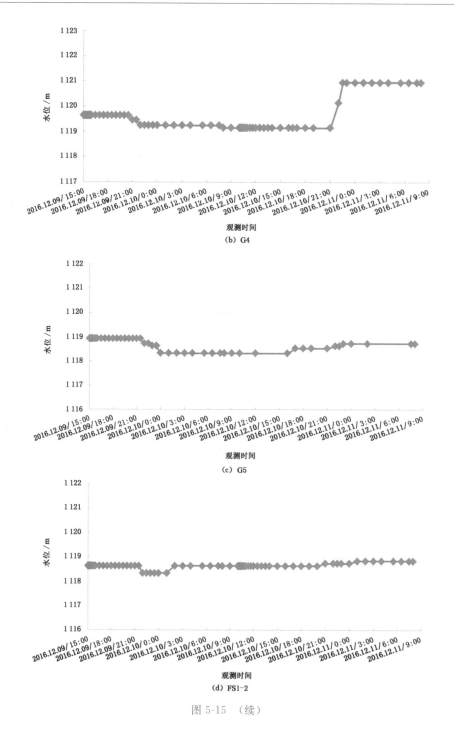

(b) G4

(c) G5

(d) FS1-2

图 5-15 （续）

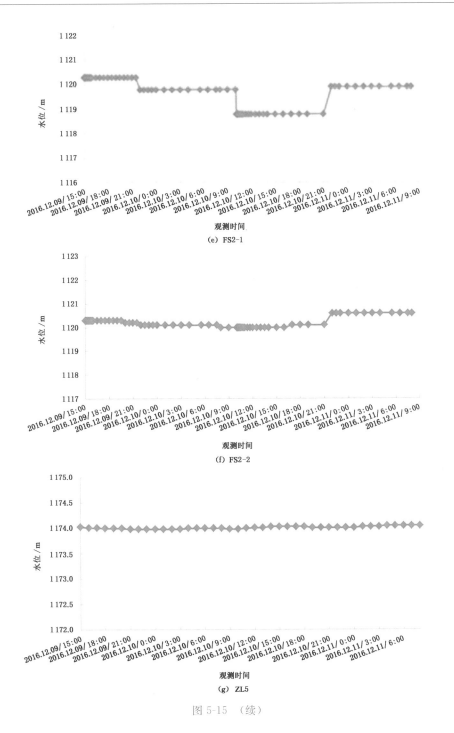

(e) FS2-1

(f) FS2-2

(g) ZL5

图 5-15　（续）

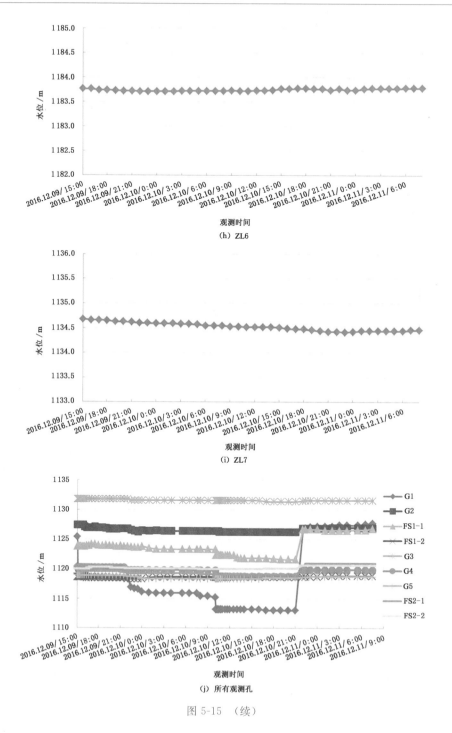

(h) ZL6

(i) ZL7

(j) 所有观测孔

图 5-15 （续）

（2）1～2 煤层间延安组含水层 G1 单孔放水

1～2 煤层间延安组含水层单孔放水试验（G1 钻孔）于 2016 年 12 月 11 日 9:00 开始，于 12 月 12 日 1:00 结束，共计 16 h，放水钻孔为 G1,1～2 煤层间延安组含水层观测孔为 FS0 和 G2(FS1-1 钻孔由于堵孔，其数据不参与分析)，直罗组下段含水层观测孔为 G3～G5、FS1-2、FS2-1 和 FS2-2,240 m³/h 定流量放水 9 h,恢复水位 7 h,如图 5-16 所示。

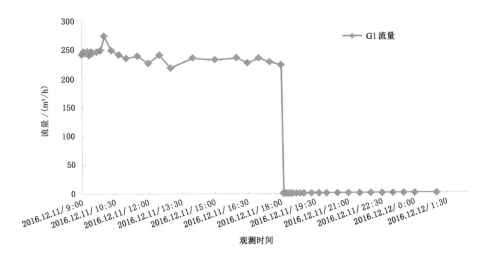

图 5-16　1～2 煤层间延安组含水层放水试验 G1 放水孔水量历时变化曲线图

① 1～2 煤层间延安组含水层水位变化

a. FS0 钻孔水位变化

FS0 钻孔距离放水孔 G1 钻孔 50 m,因此，当 FS0 钻孔于 12 月 11 日 9:00 开始放水时，FS0 钻孔水位迅速下降,10 min 内水位下降了最大降深的 93%,随后 2 h FS0 钻孔水位达到稳定，当 12 月 11 日 18:00 G1 钻孔停止放水时，FS0 钻孔在 10 min 内水位恢复了最大降深的 88%,进一步说明 1～2 煤层间延安组含水层补给条件非常好,FS0 钻孔水位历时变化曲线如图 5-17 所示。

b. G2 钻孔水位变化

G2 钻孔距离放水孔 G1 钻孔 150 m,当 FS0 钻孔于 12 月 11 日 9:00 开始放水时,G2 钻孔 5 min 后水位才开始下降,此后的 10 min 内水位下降了最大降深的 25%,显然不如 FS0 钻孔对 G1 钻孔放水在时间和水位上的响应迅速,G2 钻孔水位稳定在 G1 钻孔开始放水后的 2 h,当 12 月 11 日 18:00 G1 钻孔停止放水时,G2 钻孔在 10 min 内水位恢复了最大降深的 45%,小于 FS0 的水位恢复速度。FS0 钻孔水位历时变化曲线如图 5-18 所示。

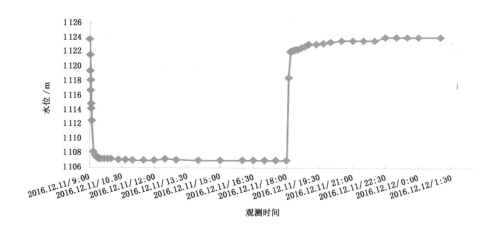

图 5-17　FS0 钻孔水位历时变化曲线图

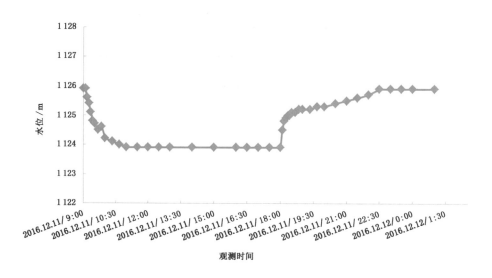

图 5-18　G2 钻孔水位历时变化曲线图

② 直罗组下段含水层水位变化

在 G1 钻孔放水时,直罗组下段含水层的观测孔包括 G3～G5、FS1-2、FS2-1 和 FS2-2。由图 5-19 可以看出,G3、G5 和 FS1-2 钻孔水位没有发生变化,其余 钻孔随着 G1 钻孔放水,水位均发生不同程度的变化,其中 G4、FS2-1 和 FS2-2 钻孔水位变化较为明显。

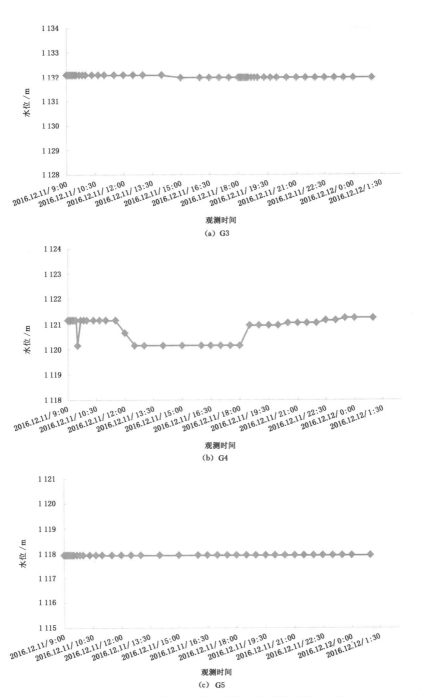

(a) G3

(b) G4

(c) G5

图 5-19　直罗组下段含水层观测孔水位历时变化曲线图

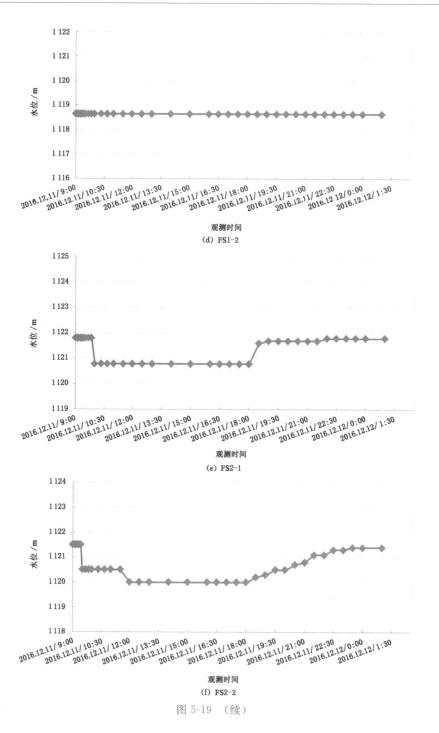

(d) FS1-2

(e) FS2-1

(f) FS2-2

图 5-19 （续）

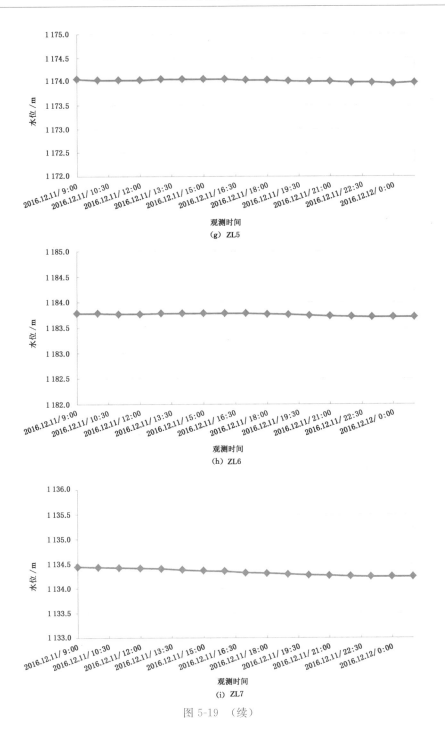

（g）ZL5

（h）ZL6

（i）ZL7

图 5-19　（续）

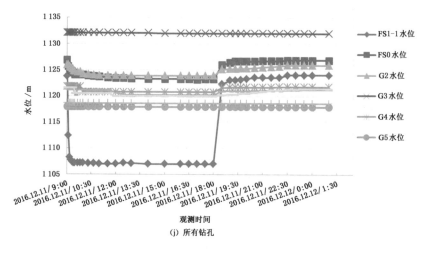

图 5-19 （续）

（3）1～2 煤层间延安组含水层多孔放水

1～2 煤层间延安组含水层多孔放水试验（FS0 和 G1 钻孔）于 2016 年 12 月 12 日 1：00 开始，于 12 月 13 日 8：00 结束，共计 31 h，放水钻孔为 FS0 和 G1，1～2 煤层间延安组含水层观测孔为 G2（FS1-1 钻孔由于堵孔，其数据不参与分析），直罗组下段含水层观测孔为 G3～G5、FS1-2、FS2-1 和 FS2-2，放水量基本上按照 FS0 和 G1 钻孔最大流量放水，其中 FS0 钻孔平均放水水量为 200 m³/h，G1 钻孔平均放水水量为 240 m³/h，放水 6 h，恢复 25 h。放水期间 FS0 钻孔于 12 月 12 日 4：00 发生堵孔，12 日 11：00 开始扫孔，12 日 15：00 扫孔结束。

① 1～2 煤层间延安组含水层水位变化

a. FS1-1 钻孔

FS1-1 钻孔距离放水孔 FS0 钻孔 50 m，距离放水孔 G1 钻孔 100 m。FS1-1 钻孔存在堵孔现象，因此其数据和曲线图仅做参考。由于 FS1-1 钻孔距离放水孔 FS0 和 G1 钻孔最近，所以其水位随着两个放水孔的放水量变化较为明显，在 FS0 和 G1 钻孔多孔放水时，FS1-1 钻孔水位最大降深 6 m，如图 5-20 所示。

b. G2 钻孔

G2 钻孔距离放水孔 FS0 钻孔 100 m，距离放水孔 G1 钻孔 150 m。G2 钻孔水位随着两个放水孔水量改变变化较快，在 FS0 和 G1 钻孔多孔放水时，FS1-1 钻孔水位最大降深 5.6 m，如图 5-21 所示。G2 钻孔水位变化时间和趋势与 FS1-1 一致，说明 1～2 煤层间延安组含水层连通性较好。

② 直罗组下段含水层水位变化

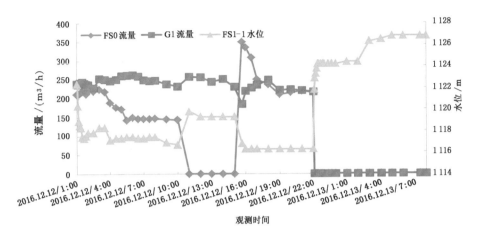

图 5-20　FS1-1 钻孔水位历时变化曲线图

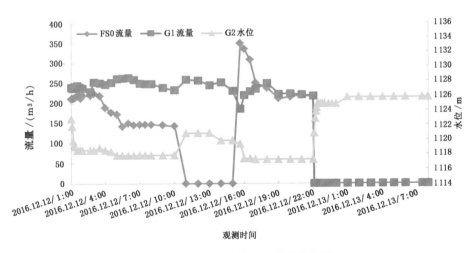

图 5-21　G2 钻孔水位历时变化曲线图

在 FS0 和 G1 钻孔多孔放水时,直罗组下段含水层的观测孔包括 G3~G5、FS1-2、FS2-1 和 FS2-2。由图 5-22 可以看出,G3 钻孔水位没有发生变化,其余钻孔随着 G1 钻孔放水,水位变化较为明显。

(4)FS0 与 G1 钻孔水量变化相关关系

FS0 与 G1 钻孔多孔放水时,FS0 钻孔于 12 月 12 日 3:00 发生了堵孔,水量由 220 m³/h 逐渐减小至 150 m³/h,同时 G1 钻孔水量出现小幅上升,FS0 钻孔于 12 日 11:00 开始扫孔,扫孔过程中 FS0 钻孔水量减小至零,这期间内 G1 钻孔水量再次出现小幅增大,FS0 钻孔于 12 日 15:40 扫孔结束,水量增大到

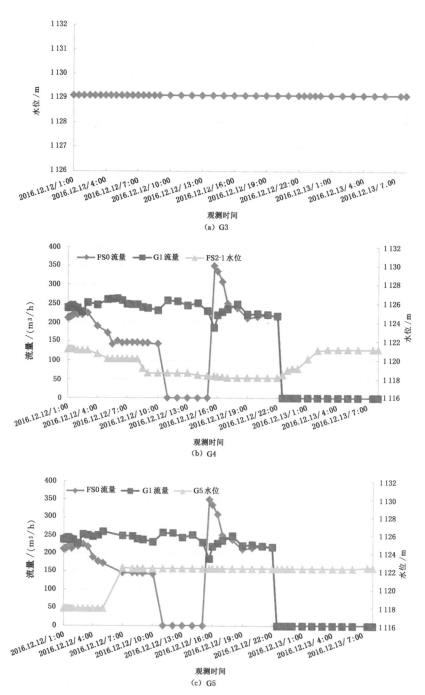

图 5-22　直罗组下段含水层观测孔水位历时变化曲线图

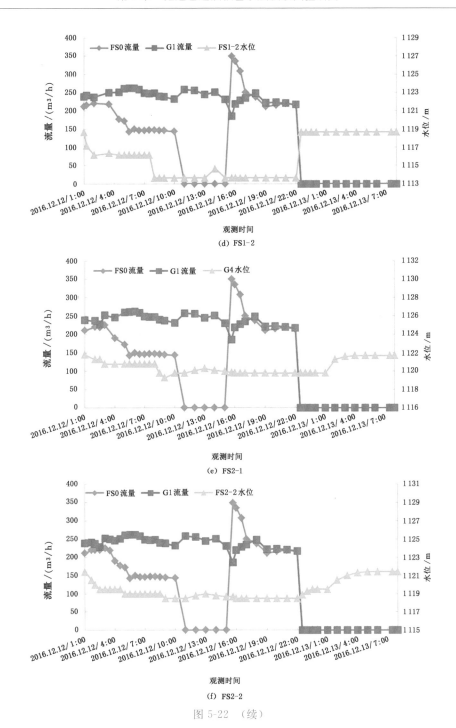

(d) FS1-2

(e) FS2-1

(f) FS2-2

图 5-22　（续）

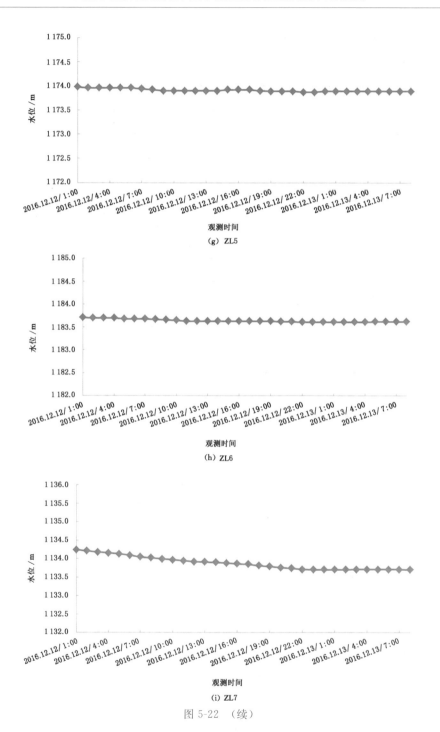

(g) ZL5

(h) ZL6

(i) ZL7

图 5-22 （续）

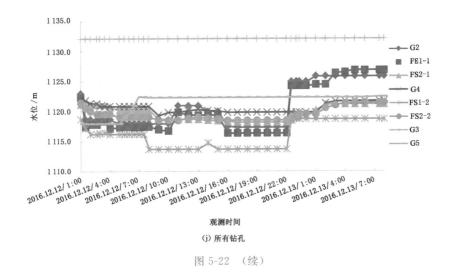

（j）所有钻孔

图 5-22　（续）

350 m³/h,同时 G1 钻孔水量出现小幅减小,此后为了控制放水水量,FS0 钻孔水量调整至 220 m³/h,G1 钻孔水量再次小幅增大,如图 5-23 所示。

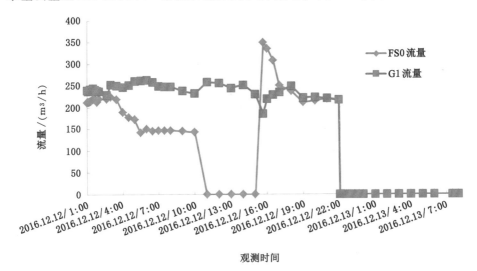

图 5-23　FS0 与 G1 钻孔水量历时变化曲线图

由图 5-23 和以上分析可以看出,G1 钻孔水量每次变化基本上都是受 FS0 钻孔水量的影响,将各变化时间段内 FS0 和 G1 钻孔水量变化幅度进行统计,见表 5-5。由表 5-5 可以看出,FS0 钻孔每次放水量的变化幅度与 G1 钻孔放水量的变化幅度比值在 4.51～7.80 之间,说明相邻钻孔间距在 50 m 时,一个钻孔水量的变化能够引起邻近钻孔水量的变化,但是变化水量比值不超过 10%,放水孔彼此之间袭夺水量有限。

表 5-5 1~2 煤层间延安组含水层多孔放水试验放水孔水量变化统计表

时段	3:00—5:30	10:00—11:00	15:00—15:40	15:40—18:00
FS0 钻孔水量变化/(m³/h)	75.00	143.14	349.51	111.89
G1 钻孔水量变化/(m³/h)	10.14	25.80	44.81	24.83
比值	7.40	5.55	7.80	4.51

5.2.3 1~2 煤层间延安组含水层水文地质参数

（1）渗透系数

1~2 煤层间延安组含水层共进行了 3 次放水试验,其中 FS0 和 G1 钻孔单孔放水试验主要为计算 1~2 煤层间延安组含水层渗透系数。

① 1~2 煤层间延安组含水层单孔放水试验（FS0 钻孔）

1~2 煤层间延安组含水层单孔放水试验（FS0 钻孔）过程中 FS0 钻孔放水水量和 G1、G2 钻孔水位变化情况如图 5-24 所示。

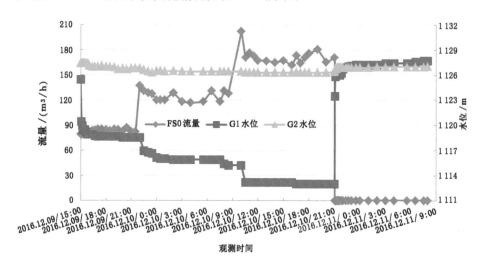

图 5-24 FS0 钻孔放水水量和 G1、G2 钻孔水位历时变化曲线图

FS0、G1 和 G2 钻孔揭露了 1~2 煤层间延安组含水层,可视为承压水含水层多孔完整井,渗透系数计算公式选用裘布依公式计算:

$$K = \frac{0.366Q}{M(S_1 - S_2)} \lg \frac{r_2}{r_1}$$ (5-1)

式中　K——渗透系数,m/d;

　　　Q——放水孔水量,m³/d;

　　　M——含水层厚度(m),取 19.29 m;

　　　S_1——距离较近观测孔水位降深,m;

　　　S_2——距离较远观测孔水位降深,m;

　　　r_1——距离较近观测孔与放水孔距离(m),取 50 m;

　　　r_2——距离较远观测孔与放水孔距离(m),取 100 m。

根据式(5-1),利用 FS0 钻孔三阶段定流量放水观测数据,计算了 1～2 煤层间延安组含水层的渗透系数,计算结果见表 5-6。

表 5-6　FS0 钻孔单孔放水试验及渗透系数计算一览表

放水阶段	放水孔水量/(m³/h)	观测孔水位降深/m		渗透系数/(m/d)	影响半径/m
	FS0 钻孔	G1 钻孔	G2 钻孔		
1	80	6.9	0.6	1.741	106.91
2	130	3.3	0.4	1.937	107.89
3	180	2.2	0.1	2.184	106.91

② 1～2 煤层间延安组含水层单孔放水试验(G1 钻孔)

1～2 煤层间延安组含水层单孔放水试验(G1 钻孔)过程中 G1 钻孔放水水量和 FS0、FS1-1 钻孔水位变化情况如图 5-25 所示。

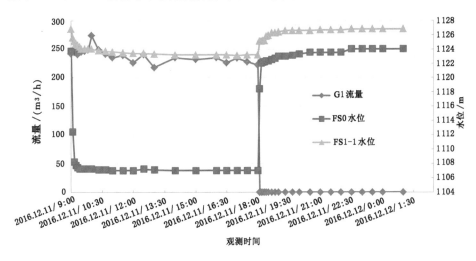

图 5-25　G1 钻孔放水水量和 FS0、FS1-1 钻孔水位历时变化曲线图

FS0、FS1-1 和 G1 钻孔揭露了 1～2 煤层间延安组含水层，可视为承压水含水层多孔完整井，渗透系数计算公式选用裘布依公式计算，算得 $K = 2.511$ m/d。

（2）影响半径

影响半径计算采用多孔放水试验带两个观测孔的承压含水层裘布依公式：

$$\lg R = \frac{S_1 \lg r_2 - S_2 \lg r_1}{S_1 - S_2} \tag{5-2}$$

式中　R——影响半径，m；

　　　S_1——距离较近观测孔水位降深，m；

　　　S_2——距离较远观测孔水位降深，m；

　　　r_1——距离较近观测孔与放水孔距离（m），取 50 m；

　　　r_2——距离较远观测孔与放水孔距离（m），取 100 m。

根据式（5-2），利用 FS0 钻孔三阶段定流量放水观测数据和 G1 钻孔一次定流量放水观测数据，分别计算了 1～2 煤层间延安组含水层放水试验的影响半径，计算结果见表 5-6 和表 5-7。

表 5-7　G1 钻孔单孔放水试验及渗透系数计算一览表

放水阶段	放水孔水量/(m³/h)	观测孔水位降深/m		渗透系数 /(m/d)	影响半径/m
	G1 钻孔	FS0 钻孔	FS1-1 钻孔		
1	240	16.7	3.6	2.511	109.90

（3）给水度

1～2 煤层间延安组含水层放水试验钻孔施工过程中，对 G4 钻孔进行了取芯，当钻孔揭露 1～2 煤层间含水层后，由于钻孔内水量过大，导致取芯工作停止，共取芯 39 m。G4 钻孔柱状图如图 5-26 所示。

由西安理工大学岩土实验中心对 1～2 煤层间延安组含水层粗砂岩进行了水理性质测试，测试结果粗砂岩给水度为 10.35%。

需要说明的是，基于 1～2 煤层间延安组含水层放水试验得到的水文地质参数与实际值存在一定误差，这主要是由于 1～2 煤层间延安组含水层厚度不均，且不是稳定存在，受上部直罗组下段含水层补给，所有放水孔和观测孔为倾斜钻孔，以上因素造成了与裘布依假设条件的不一致，导致了误差的产生。

5.2.4　1～2 煤层间延安组含水层与直罗组下段含水层之间的水力联系

（1）直罗组下段含水层水位的变化

图 5-27 所示为 1～2 煤层间延安组含水层放水试验过程中直罗组下段含水层水位变化情况。

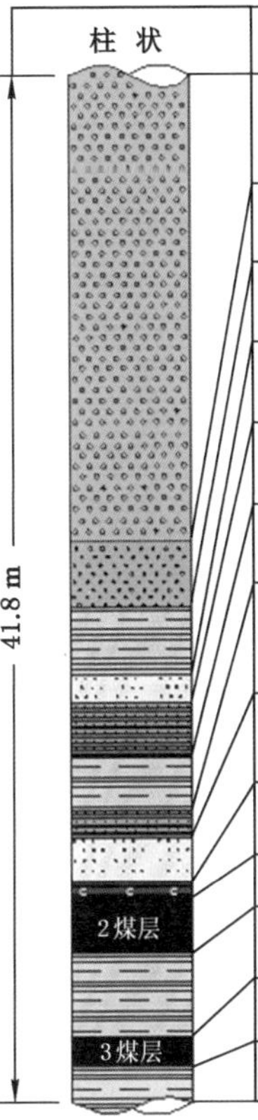

柱状	厚度 /m	真厚度 /m	岩性	岩性描述
	26.39	19.01	粗粒砂岩	灰白、黄褐或红色,含砾,主要矿物为石英、长石,碎屑结构,厚层状,硅质胶结,弱风化,上接 1 煤层,为 1～2 煤间主要含水层,岩心采取率 90%
	3.75	2.70	中粒砂岩	灰白色,主要矿物为石英、长石,碎屑结构,层理构造,硅质胶结,弱风化,岩心采取率 93%,为 2 煤层顶板含水层
	3.75	2.70	泥岩	棕褐色,泥质结构,泥质胶结,胶结致密,遇水浸泡后强度下降明显,为 2 煤层顶板隔水层
	1.53	1.10	细粒砂岩	灰白色,主要矿物为石英、长石,碎屑结构,层理构造,硅质胶结,弱风化,岩心采取率 90%
	3.05	2.19	粉砂岩	深灰色,碎屑结构,层理构造,泥质胶结,胶结致密,岩心采取率 85%,为 2 煤层顶板隔水层
	3.05	2.19	泥岩	棕褐色,泥质结构,泥质胶结,胶结致密,遇水浸泡后强度下降明显,为 2 煤层顶板隔水层
	1.53	1.10	泥岩	灰色,含少量粉砂,泥质结构,层理构造,泥质胶结,胶结致密,遇水浸泡后强度下降明显,岩心采取率 85%,为 2 煤层顶板隔水层
	2.50	1.80	细粒砂岩	灰白色,主要矿物为石英、长石,碎屑结构,层理构造,硅质胶结,弱风化,岩心采取率 90%
	0.97	0.70	碳质泥岩	黑色,含煤,泥质结构,层理构造,泥质胶结,胶结松散,遇水浸泡极易分解
	3.07	2.21	煤	黑色,泥质结构,呈碎石状,岩心采取率 65%
	4.70	3.38	泥岩	棕褐色,泥质结构,泥质胶结,胶结致密,遇水浸泡后强度下降明显,为 2 煤层底板隔水层
	1.67	1.20	煤	黑色,泥质结构,呈碎石状,岩心采取率 65%
	2.10	1.50	泥岩	棕褐色,泥质结构,泥质胶结,胶结致密,遇水浸泡后强度下降明显,为 3 层煤底板隔水层

（柱状图左侧标注：41.8 m，2 煤层，3 煤层）

图 5-26　G4 钻孔简易柱状图

由图 5-27 可以看出,当 FS0 和 G1 放水孔对 1～2 煤层间延安组含水层放水时,直罗组下段含水层水位随之下降,说明两个含水层之间存在密切的水力联系。

（2）直罗组下段含水层水位对放水试验的空间响应特征

① 1～2 层煤间延安组含水层单孔放水试验（FS0 钻孔）

利用 FS0 钻孔对 1～2 煤层间延安组含水层进行单孔放水试验时,直罗组下段含水层的水位发生下降,并且随着 FS0 钻孔放水水量的增大,直罗组下段含水层水位下降的幅度也随之增大。由表 5-8 可以看出,FS0 钻孔放水水量为 80 m³/h 时,直罗组下段含水层水位未发生变化,当 FS0 钻孔放水水量增加到 130 m³/h 时,直罗组下段含水层水位最大下降值平均为 0.32 m,当 FS0 钻孔放水水量增加到 180 m³/h 时,直罗组下段含水层水位最大下降值平均为 0.60 m。

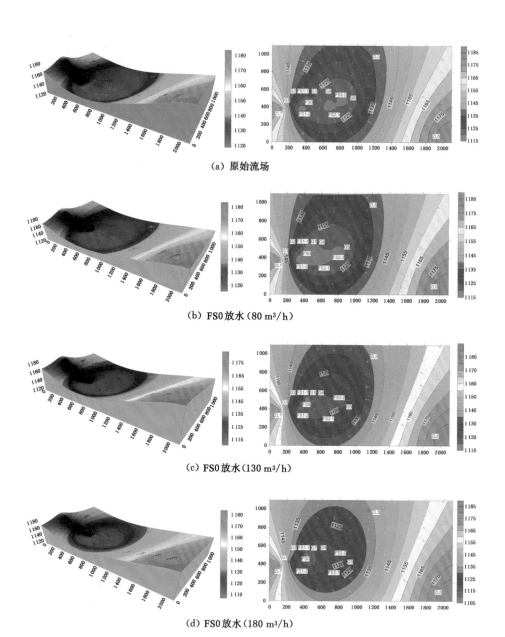

（a）原始流场

（b）FS0放水（80 m³/h）

（c）FS0放水（130 m³/h）

（d）FS0放水（180 m³/h）

图 5-27　直罗组下段含水层流场变化图

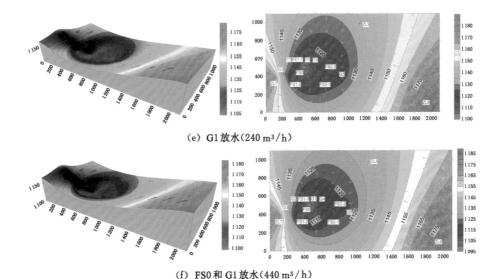

(e) G1 放水(240 m³/h)

(f) FS0 和 G1 放水(440 m³/h)

图 5-27　(续)

表 5-8　1～2 煤层间延安组含水层单孔放水(FS0 钻孔)直罗组下段含水层水位变化一览表

钻孔		G3	G4	G5	FS1-2	FS2-1	FS2-2	平均
与放水孔的距离/m		216	200	450	182	281	325	276
最大降深/m	第一阶段	0	0	0	0	0	0	0
	第二阶段	0.20	0.30	0.30	0.50	0.40	0.20	0.32
	第三阶段	0.40	0.30	0.60	1.50	0.50	0.30	0.60

② 1～2 煤层间延安组含水层单孔放水试验(G1 钻孔)

利用 G1 钻孔对 1～2 煤层间延安组含水层进行单孔放水试验时,直罗组下段含水层的水位也发生下降。由表 5-9 可以看出,G1 钻孔放水水量为 240 m³/h 时,直罗组下段含水层水位最大下降值平均为 0.60 m。

表 5-9　1～2 煤层间延安组含水层单孔放水(G1 钻孔)直罗组下段含水层水位变化一览表

钻孔	G3	G4	G5	FS1-2	FS2-1	FS2-2	平均
与放水孔的距离/m	263	150	400	217	219	261	252
最大降深/m	0.10	1.00	0	0	1.00	1.50	0.60

③ 1～2 煤层间延安组含水层多孔放水试验(FS0 和 G1 钻孔)

利用 FS0 和 G1 钻孔对 1～2 煤层间延安组含水层进行多孔放水试验时,直罗组下段含水层的水位发生显著下降。由表 5-10 可以看出,FS0 和 G1 钻孔放水水量总和为 440 m³/h 时,直罗组下段含水层水位最大下降值平均为1.48 m。

表 5-10   1～2 煤间延安组含水层多孔放水直罗组下段含水层水位变化一览表

钻孔		G3	G4	G5	FS1-2	FS2-1	FS2-2	平均
与放水孔的距离/m	FS0	216	200	450	182	281	325	276
	G1	263	150	400	217	219	261	252
最大降深/m		0	3.00	−4.50	5.00	2.50	2.90	1.48

由图 5-28 可以看出,随着 1～2 煤层间延安组含水层放水钻孔水量的不断增大,直罗组下段含水层水位降深也随之增大。由表 5-9 和表 5-10 可以看出,G3 和 FS1-2 钻孔水位变化较小,一方面与距离放水钻孔较远有关,另一方面可能由于这两个钻孔的高程较低,受放水钻孔的影响较小。

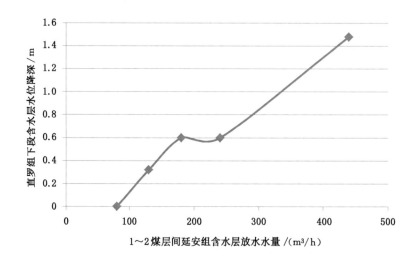

图 5-28   1～2 煤层间延安组含水层不同放水水量与直罗组下段含水层水位相关关系图

(3) 直罗组下段含水层水位对放水试验的时间响应特征

对 1～2 煤层间延安组含水层 3 次放水试验过程中直罗组下段含水层观测孔水位对放水和停止放水的响应时间进行统计,分别见表 5-11～表 5-13。

表 5-11　1～2 煤层间延安组含水层单孔放水（FS0 钻孔）直罗组下段含水层水位响应时间

钻孔		G3	G4	G5	FS1-2	FS2-1	FS2-2	平均
与放水孔的距离/m		216	200	450	182	281	325	276
响应时间 /min	第一阶段	无响应	360	无响应	120	无响应	60	180
	第二阶段	30	0	0	0	0	0	5
	第三阶段	420	无响应	420	无响应	5	420	316
	恢复阶段	60	60	60	60	60	60	60

表 5-12　1～2 煤层间延安组含水层单孔放水（G1 钻孔）直罗组下段含水层水位响应时间

钻孔		G3	G4	G5	FS1-2	FS2-1	FS2-2	平均
与放水孔的距离/m		263	150	400	217	219	261	252
响应时间 /min	放水阶段	420	90	无响应	无响应	60	90	165
	恢复阶段	无响应	30	无响应	无响应	30	30	30

表 5-13　1～2 煤层间延安组含水层多孔放水直罗组下段含水层水位响应时间

钻孔		G3	G4	G5	FS1-2	FS2-1	FS2-2	平均
与放水孔 的距离/m	FS0	216	200	450	182	281	325	276
	G1	263	150	400	217	219	261	252
响应时间 /min	放水阶段	无响应	70	360	15	70	40	111
	恢复阶段	无响应	30	540	30	210	30	168

　　FS0 钻孔单孔放水时采用了三阶段定流量放水,仅利用第一阶段放水数据进行分析。在各次放水阶段内,直罗组下段含水层水位对 1～2 煤层间延安组含水层放水孔水量 80 m^3/h、240 m^3/h 和 440 m^3/h 的响应时间分别为 180 min、165 min 和 111 min,且对于 80 m^3/h 放水量有三个观测孔无响应,对于 240 m^3/h 放水量有两个观测孔无响应,对于 440 m^3/h 放水量仅有一个观测孔无响应。说明直罗组下段含水层水位对 1～2 煤层间延安组含水层放水在 2～3 h 内基本上会有变化,且随着放水孔水量增大而增大。

　　（4）水化学分析

　　在 1～2 煤层间延安组放水试验和直罗组下段含水层放水试验过程中,分别对部分放水孔、观测孔、井下出水点和 2 煤层大巷探放水钻孔取水样进行全分析,水源包括 1～2 煤层间延安组含水层、直罗组下段含水层和两个含水层的混合水,共计 31 组,水化学分析成果见表 5-14 及图 5-29～图 5-32。

表 5-14 放水试验期间水化学全分析

采样位置	采样时间	含水层	K^+	Na^+	Ca^{2+}	Mg^{2+}	Cl^-	SO_4^{2-}	HCO_3^-	CO_3^{2-}	矿化度	水化学类型
2煤层辅运巷 FS0 孔	2016.12.28	延安组	8.57	1 794	968.29	1 084.53	4 381.43	4 242.77	216.38	11.32	12 709.09	$Cl \cdot SO_4$-$Na \cdot (Mg)$
2煤层辅运巷 JD1 孔	2016.12.28	延安组	25.36	3 411.91	529.31	625.17	4 476.76	4 287.42	224.17	0	13 580.1	$Cl \cdot SO_4$-$Na \cdot (Mg)$
2煤层辅运巷 G1 孔	2016.12.30	延安组	8.45	1 991	968.29	986.22	4 498.49	4 103.24	210.63	16.98	12 784.6	$Cl \cdot SO_4$-$Na \cdot (Mg)$
2煤层辅运巷 JD2 孔	2016.12.30	延安组	10.74	3 472.82	609.62	684.29	4 625.18	4 589.86	262.03	0	14 254.54	$Cl \cdot SO_4$-$Na \cdot (Mg)$
2煤层辅运巷 JD2 孔	2016.12.31	直罗组	13.76	3 333.03	501.45	654.46	4 502.63	4 734.61	182.77	8.94	13 931.65	$Cl \cdot SO_4$-$Na \cdot (Mg)$
2煤层辅运巷 JD1 孔	2017.01.01	直罗组	11.08	3 249.7	550.29	583.73	4 563.73	4 402	226.19	0	13 586.72	$Cl \cdot SO_4$-$Na \cdot (Mg)$
2煤层辅运巷三联巷	2017.01.05	混合水	10.92	2 987.94	435.51	542.39	3 881.54	4 347.75	276.17	0	12 482.22	$Cl \cdot SO_4$-$Na \cdot (Mg)$
2煤层辅运巷 FS0 孔	2017.01.05	直罗组	9.33	3 048.93	510.14	544.78	4 266.71	4 264.16	246.89	0	12 890.94	$Cl \cdot SO_4$-$Na \cdot (Mg)$
2煤层辅运巷三联巷	2017.01.06	混合水	16.5	3 181.89	528.5	583.35	4 394.16	4 416.5	238.3	0	13 359.2	$Cl \cdot SO_4$-$Na \cdot (Mg)$
2煤层 D2-4 孔	2017.01.06	延安组	8.9	3 218.4	503.37	601.93	4 468.85	4 599.28	244.36	0	13 645.09	$Cl \cdot SO_4$-$Na \cdot (Mg)$
2煤层 FS0 孔	2017.01.06	直罗组	11.2	3 170.65	531.7	571.96	4 461.49	4 427.11	222.65	0	13 396.76	$Cl \cdot SO_4$-$Na \cdot (Mg)$
2煤层辅运巷三联巷	2017.01.07	混合水	7.07	3 075.14	451.81	542	3 889.64	4 366.61	260.52	0	12 592.79	$Cl \cdot SO_4$-$Na \cdot (Mg)$
2煤层辅运巷三联巷	2017.01.10	混合水	8.65	3 066.58	457.97	562.51	3 755.88	4 218.46	269.61	0	12 339.66	$Cl \cdot SO_4$-$Na \cdot (Mg)$
2煤层 D2-4 孔	2017.01.10	延安组	7.95	3 227.49	514.06	601.91	4 243.14	4 405	246.89	0	13 246.44	$Cl \cdot SO_4$-$Na \cdot (Mg)$
2煤层 FS0 孔	2017.01.10	直罗组	8.56	3 181.57	540.5	569.13	4 307.1	4 304.53	230.22	0	13 141.61	$Cl \cdot SO_4$-$Na \cdot (Mg)$
2煤层辅运巷三联巷	2017.01.13	混合水	7.65	3 072.64	456.73	546.37	3 727.98	4 209.33	266.07	0	12 286.77	$Cl \cdot SO_4$-$Na \cdot (Mg)$
2煤层辅运巷三联巷	2017.01.13	延安组	7.63	3 244.43	503.65	585.12	4 369.51	4 528.72	236.79	0	13 475.85	$Cl \cdot SO_4$-$Na \cdot (Mg)$
2煤层 FS0 孔	2017.01.13	直罗组	9.32	3 217.22	540.69	560.27	4 311.92	4 309.5	223.66	0	13 172.58	$Cl \cdot SO_4$-$Na \cdot (Mg)$
2煤层辅运巷三联巷	2017.01.17	混合水	7.21	3 072.36	454.14	544.27	4 065.63	4 572.89	277.18	0	12 993.68	$Cl \cdot SO_4$-$Na \cdot (Mg)$
2煤层 D2-4 孔	2017.01.17	延安组	7.97	3 236.18	511.26	578.37	4 442.53	4 613.76	250.92	0	13 640.99	$Cl \cdot SO_4$-$Na \cdot (Mg)$

表 5-14(续)

采样位置	采样时间	含水层	K^+	Na^+	Ca^{2+}	Mg^{2+}	Cl^-	SO_4^{2-}	HCO_3^-	CO_3^{2-}	矿化度	水化学类型
2 煤层 FS0 孔	2017.01.17	直罗组	8.56	3 201.5	539.18	549.49	4 194.16	4 205.15	226.69	0	12 924.73	$Cl \cdot SO_4$-$Na \cdot (Mg)$
2 煤层 G2 孔	2017.01.18	直罗组	9.48	3 260.46	552.56	566.95	4 445.26	4 378.69	228.21	0	13 441.61	$Cl \cdot SO_4$-$Na \cdot (Mg)$
2 煤层 FS1-2 孔	2017.01.18	直罗组	9.78	3 258.85	563.67	567.8	4 507.43	4 491.3	244.36	0	13 643.19	$Cl \cdot SO_4$-$Na \cdot (Mg)$
2 煤层 FS1-1 孔	2017.01.19	直罗组	8.72	3 247.4	545.43	567.1	4 534.83	4 452.6	246.89	0	13 602.97	$Cl \cdot SO_4$-$Na \cdot (Mg)$
2 煤层辅运巷三联巷	2017.01.21	混合水	8.12	3 034.07	458.5	543.78	4 045.7	4 538.55	260.52	0	12 889.24	$Cl \cdot SO_4$-$Na \cdot (Mg)$
2 煤层 D2-4 孔	2017.01.21	延安组	7.00	3 229.04	457.01	586.32	4 469.77	4 589.76	230.22	0	13 569.12	$Cl \cdot SO_4$-$Na \cdot (Mg)$
2 煤层 FS0 孔	2017.01.21	直罗组	8.36	3 172.41	531.54	559.55	4 440.57	4 379.83	222.65	0	13 314.91	$Cl \cdot SO_4$-$Na \cdot (Mg)$
2 煤层 FS1-2 孔	2017.01.21	直罗组	9.29	3 303.84	541.44	588.97	4 685.52	4 702.61	212.55	0	14 044.22	$Cl \cdot SO_4$-$Na \cdot (Mg)$
2 煤层 FS1-1 孔	2017.01.21	直罗组	8.77	3 273.11	547.66	584.17	4 621.96	4 597.57	224.17	0	13 857.41	$Cl \cdot SO_4$-$Na \cdot (Mg)$
2 煤层 FS2-1 孔	2017.01.21	直罗组	7.73	3 068.05	490.97	545.01	4 233.78	4 424.87	226.19	0	12 996.6	$Cl \cdot SO_4$-$Na \cdot (Mg)$
2 煤层 FS2-2 孔	2017.01.21	直罗组	7.54	3 130.39	495.53	558.41	4 312.11	4 591.33	232.75	0	13 328.06	$Cl \cdot SO_4$-$Na \cdot (Mg)$

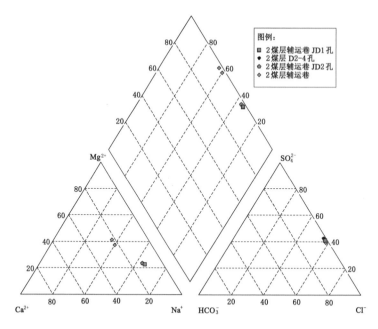

图 5-29　1～2 煤层间延安组含水层地下水水化学 Piper 三线图

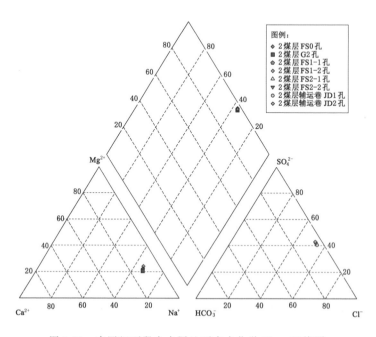

图 5-30　直罗组下段含水层地下水水化学 Piper 三线图

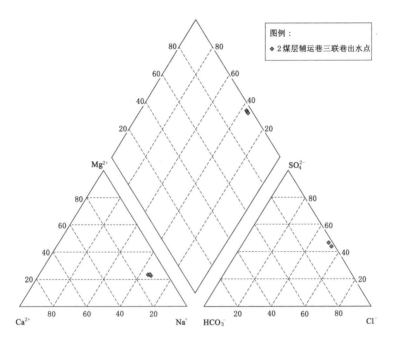

图 5-31　2 煤层辅运巷三联巷混合水水化学 Piper 三线图

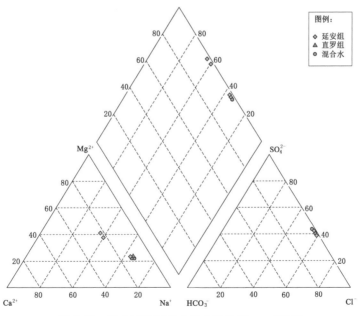

图 5-32　放水试验所有水样水化学 Piper 三线图

由表 5-14 和图 5-29～图 5-32 可以看出,无论是 1～2 煤层间延安组含水层、直罗组下段含水层还是两个含水层的混合水,其水化学成分均较为相似,且在不同时段内所取的水样在水化学成分上也较一致。说明 1～2 煤层间延安组含水层和直罗组下段含水层水力联系紧密,并且短时间内所有井下放水孔和出水点的地下水均来自同一水源。

5.3 直罗组下段含水层放水试验

5.3.1 直罗组下段含水层放水过程

直罗组下段含水层放水试验于 2017 年 1 月 5 日 17:00 开始,于 1 月 24 日 17:00 结束,共计 456 h,其中包括两次放水试验(FS0 钻孔单孔放水试验和 FS0、FS1-1、FS1-2、FS2-1 和 FS2-2 多孔放水试验),分别放水 70 213 m³ 和 62 950 m³,见表 5-15。

表 5-15　直罗组下段含水层放水试验概况表

序号	放水试验	放水钻孔	放水流量/(m³/h)	时间/h	放水量/m³
1	直罗组下段含水层 单孔放水试验	FS0	216	143	30 888
			326	121	39 325
			恢复水位	24	
2	直罗组下段含水层 多孔放水试验	FS0、FS1-1、FS1-2、 FS2-1、FS2-2	222	18	3 996
			491	54	26 514
			811	40	32 440
			恢复水位	56	

5.3.2 直罗组下段含水层放水观测数据

(1) 直罗组下段含水层单孔放水

直罗组下段含水层单孔放水试验(FS0 钻孔)于 2017 年 1 月 5 日 17:00 开始,于 1 月 17 日 17:00 结束,共计 288 h,放水钻孔为 FS0,直罗组下段含水层观测孔为 FS1-1、FS1-2、FS2-1、FS2-2、G1～G5 和地面长观孔,其中 216 m³/h 定流量放水 143 h,326 m³/h 定流量放水 121 h,恢复水位 24 h。

① FS0 放水孔水位变化

直罗组下段含水层 FS0 单孔放水试验在水位恢复时对 FS0 钻孔水位进行了观测(图 5-33),在关闭 FS0 钻孔阀门后的 2 h 内水位升高 6.9 m,随后的 17 h

内升高 1.3 m,说明直罗组下段含水层疏放水钻孔不仅水量大、难衰减,同时补给条件较好。

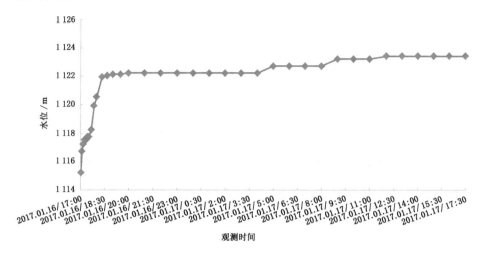

图 5-33　直罗组下段含水层单孔放水恢复阶段 FS0 钻孔水位历时变化曲线图

② 观测孔水位变化

直罗组下段含水层 FS0 单孔放水试验过程中,除了 G5、JD2 和 ZL6 钻孔水位变化不明显或者无变化外,其他钻孔水位变化较为明显,均发生了显著的下降,如图 5-34 所示。

对各观测孔水位变化幅度和与 FS0 钻孔之间的距离进行了统计,见表5-16。由表 5-16 可以看出,当 FS0 钻孔流量为 216 m³/h 时,7 个钻孔水位出现了不同程度的下降,所有钻孔降深平均为 1.48 m;当 FS0 钻孔流量为 326 m³/h 时,10个钻孔水位出现了不同程度的下降,所有钻孔降深平均为 4.22 m。

表 5-16　直罗组下段含水层 FS0 单孔放水试验观测孔水位及与 FS0 距离统计表

钻孔		G1	G2	G3	G4	G5	FS1-1	FS1-2	FS2-1	FS2-2	JD1	JD2
FS0 流量	216 m³/h	4.5	2.8	0	2.0	0.5	4.5	0.5	0	0	1.5	0
	326 m³/h	10.7	7.0	1.5	4.3	1.5	10.5	4.2	2.0	0.5	4.2	0
与 FS0 距离/m		50	100	215	200	450	50	182	280	325	200	800

由于 G3 钻孔水量和水压均存在异常,FS1-2,FS2-1 和 FS2-2 观测孔与各放水孔的方位角不同,因此选取 G1、G2、G4、G5、FS1-1、JD1 和 JD2 钻孔的水位及与 FS0

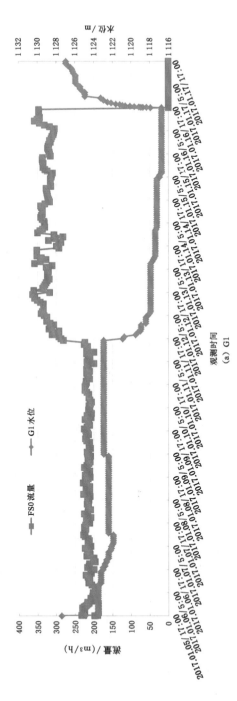

图 5-34 直罗组下段含水层单孔放水各观测孔水位历时变化曲线图
(a) G1

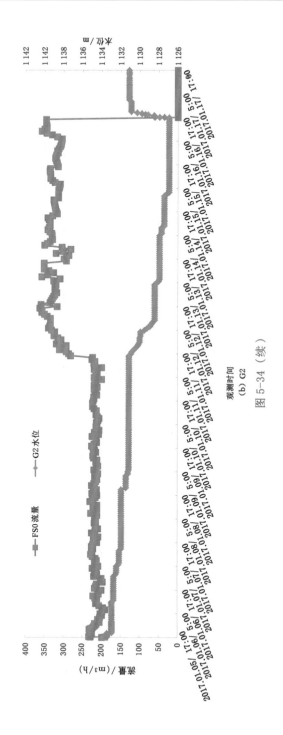

(b) G2

图 5-34（续）

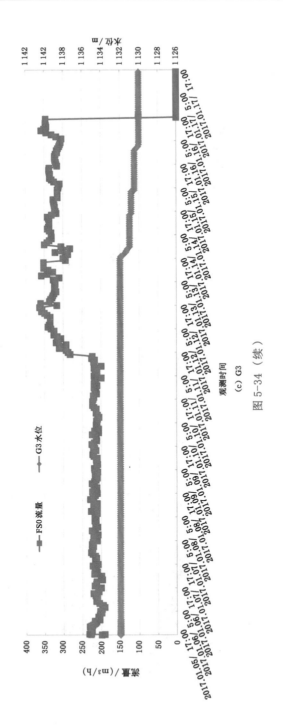

(c) G3

图 5-34（续）

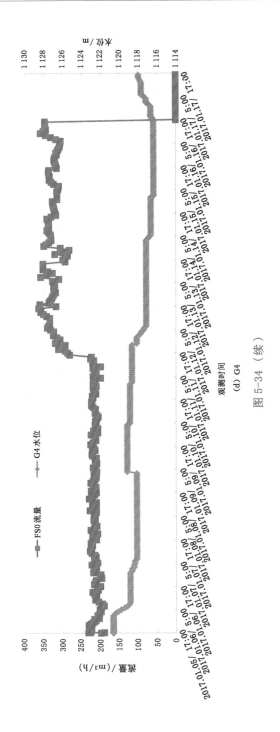

(d) G4

图 5-34 (续)

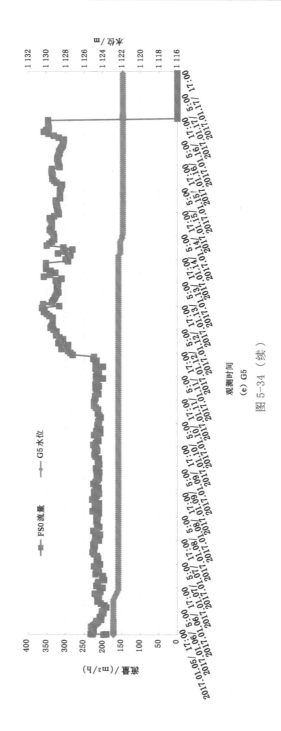

(e) G5

图 5-34 （续）

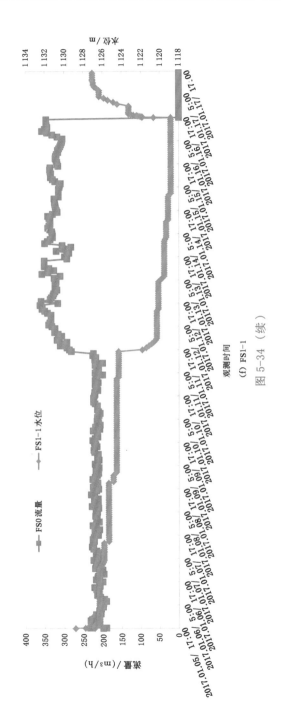

(f) FS1-1

图 5-34（续）

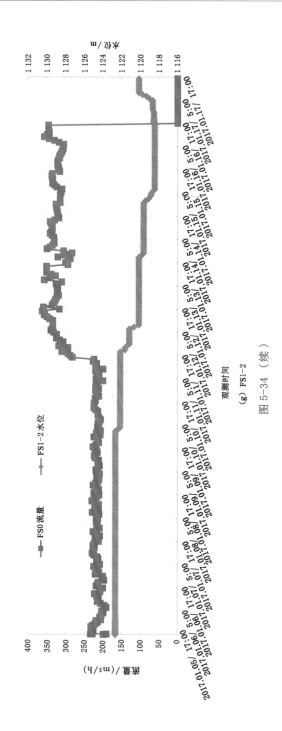

(g) FS1-2

图 5-34（续）

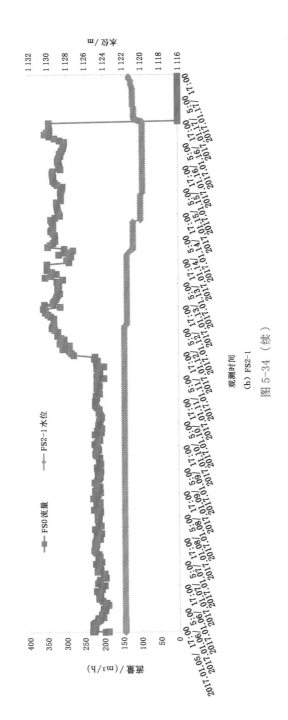

(h) FS2-1

图 5-34（续）

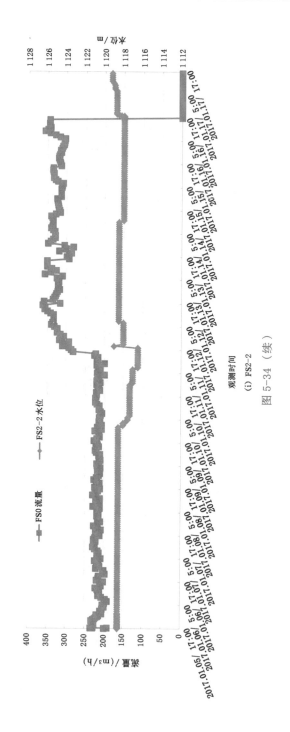

(i) FS2-2

图 5-34（续）

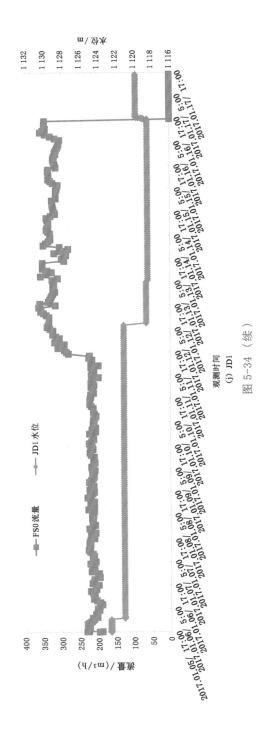

(j) JD1

图 5-34 （续）

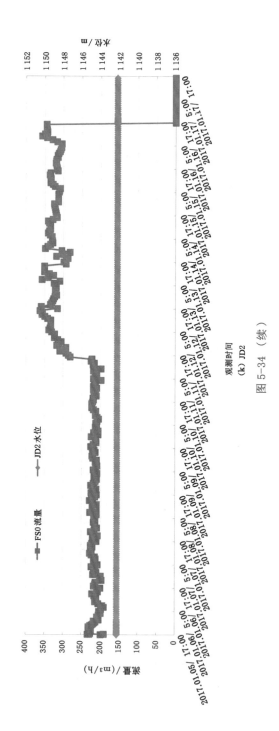

(k) JD2

图 5-34（续）

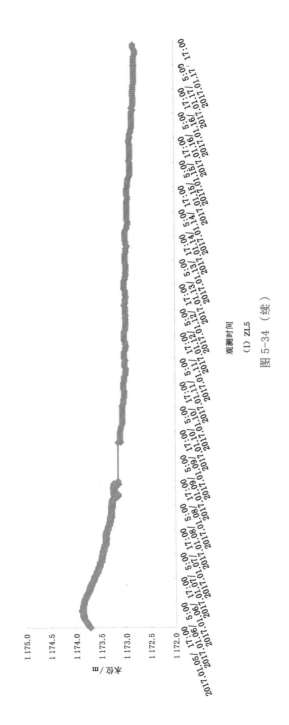

(1) ZL5

图 5-34（续）

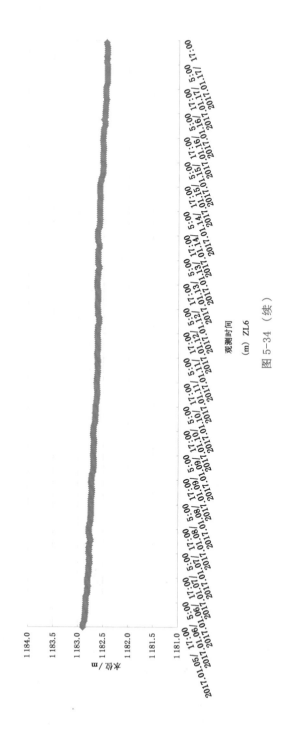

观测时间

(m) ZL6

图 5-34（续）

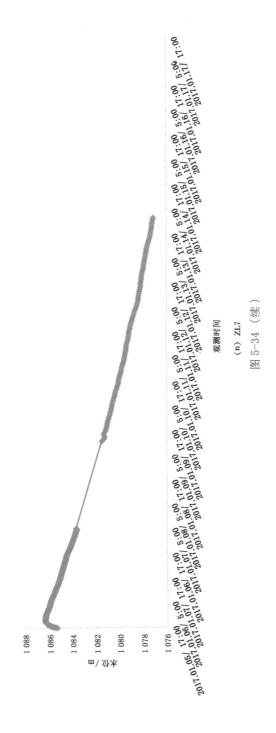

（n）ZL7

图 5-34（续）

放水孔的距离进行分析,绘制了 FS0 钻孔在放水量为 216 m³/h 和 326 m³/h 两种条件下各观测孔及与 FS0 放水孔距离的相关性曲线(图 5-35),其相关性可以分别表示为 $y = -1.671\ln x + 10.806$ 和 $y = -3.911\ln x + 25.472$。由图 5-35 也可以看出降落漏斗的形态和影响半径。

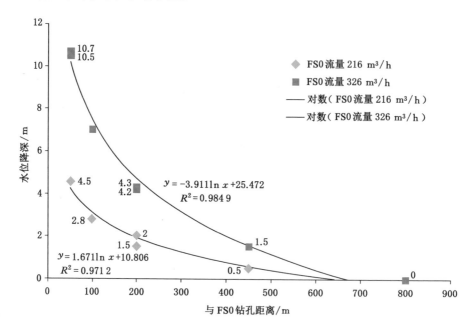

图 5-35　直罗组下段含水层 FS0 单孔放水试验观测孔水位及与 FS0 距离相关关系图

(2) 直罗组下段含水层多孔放水

直罗组下段含水层多孔放水试验于 2017 年 1 月 17 日 17:00 开始,于 1 月 24 日 17:00 结束,共计 168 h,FS0 钻孔于 1 月 17 日 17:00 开始放水,放水流量为 222 m³/h,1 月 18 日 11:00 增加 FS1-1 和 FS1-2 两个钻孔叠加放水,FS0、FS1-1 和 FS1-2 钻孔总放水流量为 491 m³/h,1 月 20 日 17:00 又增加 FS2-1 和 FS2-2 两个钻孔二次叠加放水,FS0、FS1-1、FS1-2、FS2-1 和 FS2-2 钻孔总放水流量为 811 m³/h,1 月 22 日 9:00 关闭所有放水钻孔,恢复水位 56 h。

① 放水孔水位变化

在放水试验过程中,放水孔的水位不具备观测条件,当停止放水时,对各放水孔的水位恢复过程进行了观测,各放水孔水位历时变化曲线如图 5-36 所示。

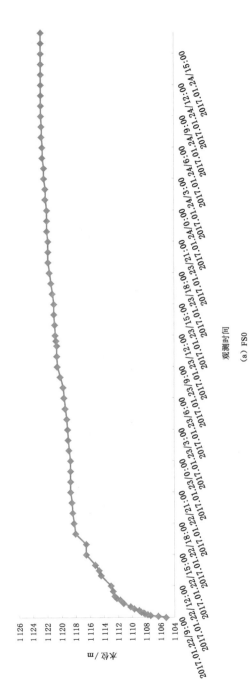

图 5-36　直罗组下段含水层多孔放水试验放水孔水位历时变化曲线图

(a) FS0

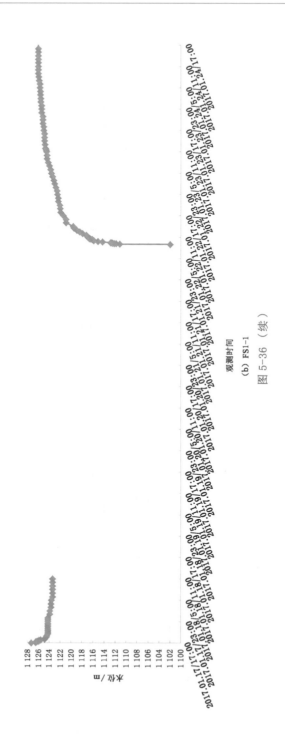

(b) FS1-1

图 5-36 （续）

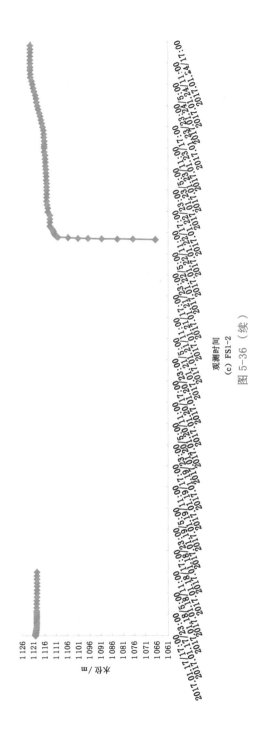

(c) FS1-2

图 5-36（续）

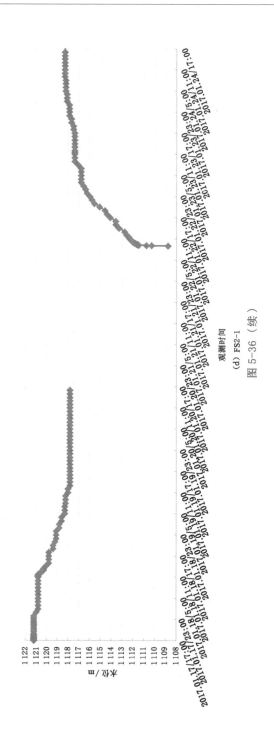

(d) FS2-1

图 5-36（续）

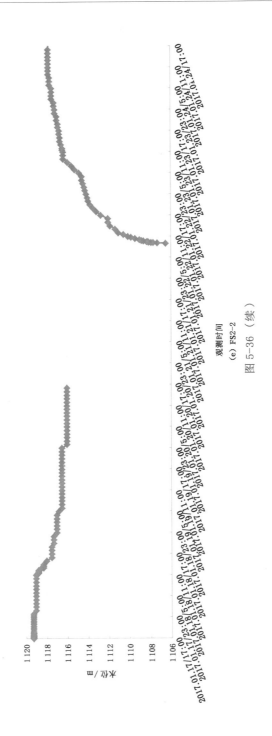

观测时间

(e) FS2-2

图 5-36（续）

由图 5-36 可以看出,各放水孔在停止放水后,水位均迅速回升,由于关闭闸阀后对各放水孔水压观测时间存在误差,因此水位恢复值也存在较大差异,见表 5-17。

表 5-17　直罗组下段含水层多孔放水试验各放水孔水位恢复情况一览表

钻孔	FS0	FS1-1	FS1-2	FS2-1	FS2-2
恢复前/m	1 105.23	1 101.918	1 066.633	1 108.78	1 106.5
恢复后/m	1 122.83	1 125.918	1 122.433	1 118.28	1 117.7
差值/m	17.6	24	55.8	9.5	11.2

② 观测孔水位变化

直罗组下段含水层多孔放水试验时除了 JD2 钻孔,其余各钻孔水位均发生了不同程度的变化,如图 5-37 所示。

5.3.3　直罗组下段含水层水文地质参数

（1）渗透系数

直罗组下段含水层共进行了两次放水试验,其中 FS0 钻孔单孔放水试验主要为计算直罗组下段含水层渗透系数。

直罗组下段含水层单孔放水试验（FS0 钻孔）过程中 FS0 钻孔放水水量和 G1、G2、G4、G5、FS1-1 和 JD1 钻孔水位变化情况如图 5-38 所示。G3、FS2-1、FS2-2 和 JD2 钻孔由于水位对 FS0 钻孔放水响应不明显,因此不参与计算。

由于各钻孔开孔位置距离直罗组下段含水层顶板 111 m,而 FS0 单孔放水试验前其余各钻孔水压在 0.94～1.08 MPa 之间,说明放水试验区域内的直罗组下段含水层已经成为潜水含水层,FS0、G1、G2、G4、G5、FS1-1、JD1 钻孔揭露了直罗组下段含水层,可视为潜水含水层多孔完整井,渗透系数计算公式选用裴布依公式［式(5-3)］计算,其中含水层厚度为 75.81 m,渗透系数为 3.673～6.297 m/d,平均值为 4.958 m/d,直罗组下段含水层渗透系数计算成果见表 5-18。

$$K = \frac{0.732Q}{(S_1 - S_2)(2H - S_1 - S_2)} \lg \frac{r_2}{r_1} \qquad (5-3)$$

式中　K——渗透系数,m/d;

　　　Q——放水孔水量,m³/d;

　　　H——含水层厚度(m),取 75.81 m;

　　　S_1——距离较近观测孔水位降深,m;

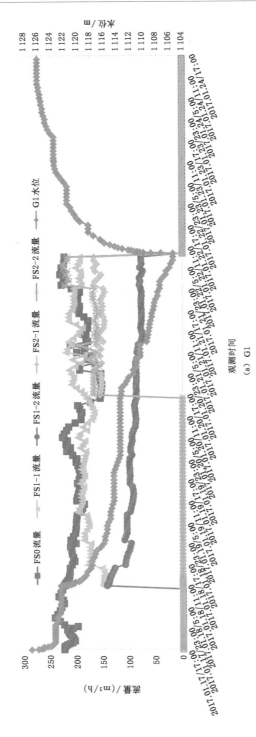

图 5-37　直罗组下段含水层多孔放水各观测孔水位历时变化曲线图
(a) G1

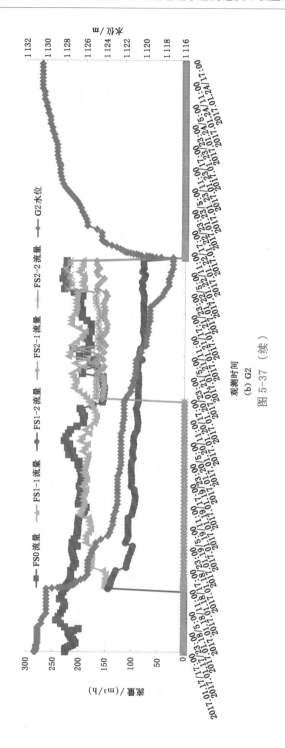

(b) G2

图 5-37 （续）

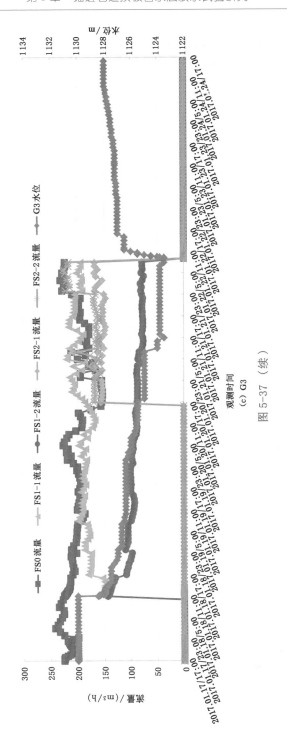

图 5-37（续）

(c) G3

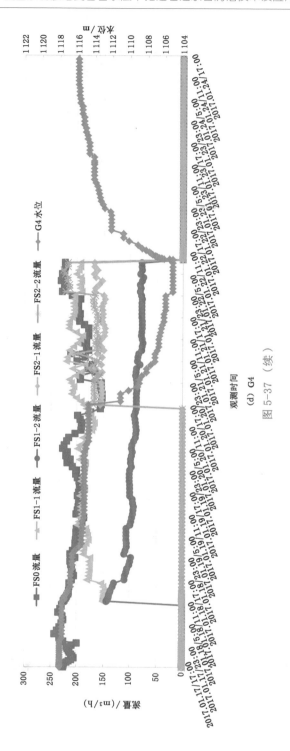

(d) G4

图 5-37 （续）

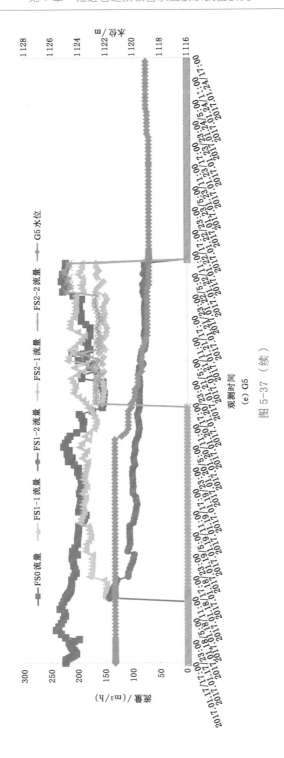

(e) G5

图 5-37（续）

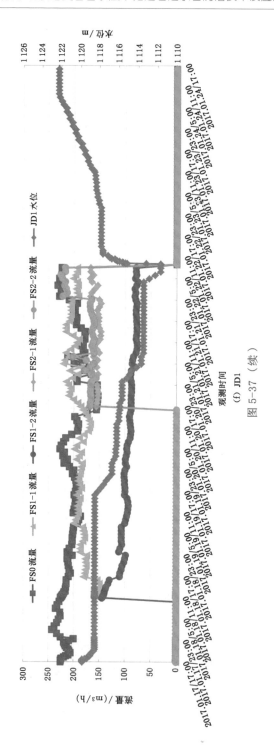

图 5-37（续）

(f) JD1

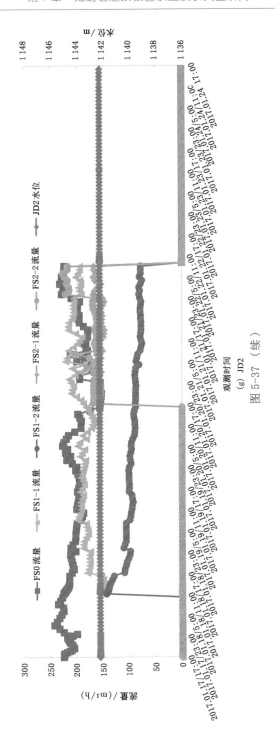

(g) JD2

图 5-37 （续）

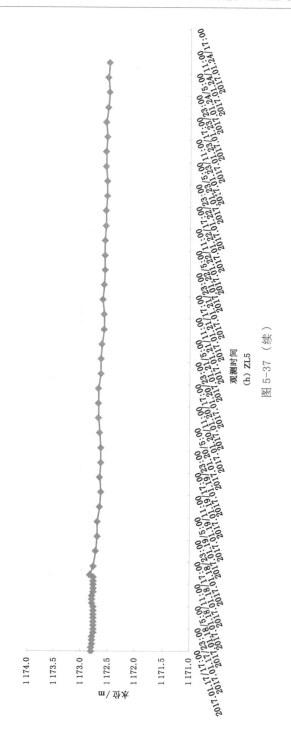

(h) ZL5

图 5-37（续）

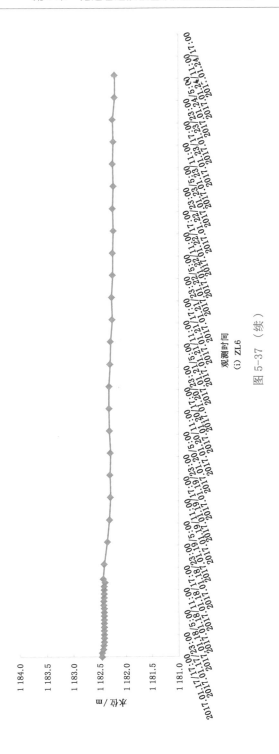

(i) ZL6

图 5-37（续）

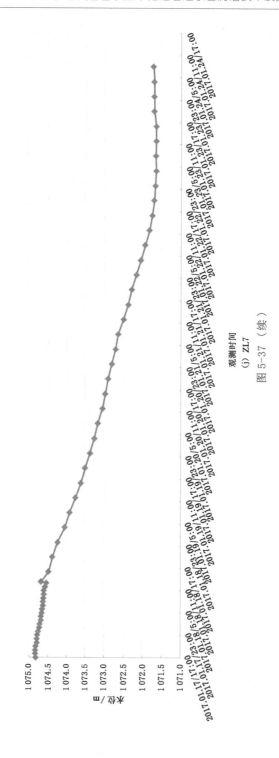

(j) ZL7

图 5-37（续）

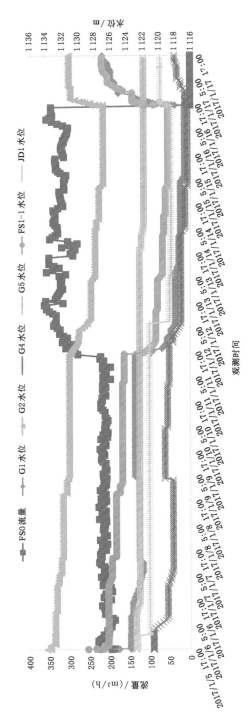

图 5-38　FS0 钻孔放水量和各观测孔水位历时变化曲线图

S_2——距离较远观测孔水位降深,m;

r_1——距离较近观测孔与放水孔距离,m;

r_2——距离较远观测孔与放水孔距离,m。

（2）影响半径

影响半径计算采用两种方法,分别是多孔放水试验带两个观测孔的潜水含水层裘布依公式［式(5-4)］和图解法,计算结果见表 5-18。

表 5-18　FS0 钻孔单孔放水试验及渗透系数计算一览表

FS0 钻孔放水量 /(m³/h)	观测孔水位降深/m						渗透系数 /(m/d)	影响半径/m	
	G1	G2	G4	G5	FS1-1	JD1		公式法	图解法
216	4.5		2.0				6.297	627.50	643.55
326	10.7		4.3				3.944	546.03	673.84
216	4.5			0.5			6.174	597.25	643.55
326	10.7			1.5			4.261	661.81	673.84
216			2.0	0.5			5.975	591.81	643.55
326			4.3	1.5			4.940	703.79	673.84
216		2.8			4.5		4.656	324.54	643.55
326		7.0			10.5		3.673	445.86	673.84
216					4.5	1.5	5.230	408.66	643.55
326					10.5	4.2	3.997	540.98	673.84
216		2.8				1.5	5.965	451.83	643.55
326		7.0				4.2	4.385	595.78	673.84

$$\lg R = \frac{S_1(2H - S_1)\lg r_2 - S_2(2H - S_2)\lg r_1}{(S_1 - S_2)(2H - S_1 - S_2)} \quad (5\text{-}4)$$

式中　R——影响半径,m;

H——潜水含水层厚度,m;

S_1——距离较近观测孔水位降深,m;

S_2——距离较远观测孔水位降深,m;

r_1——距离较近观测孔与放水孔距离,m;

r_2——距离较远观测孔与放水孔距离,m。

根据裘布依公式计算,当 FS0 放水量为 216 m³/h 时,影响半径 $R = 324.54 \sim 627.50$ m,平均值为 500.26 m;当 FS0 放水量为 326 m³/h 时,影响半径 $R =$

445.86～703.79 m,平均值为 582.38 m。根据图解法,当 FS0 放水量为 216 m³/h 时,影响半径 $R=643.55$ m;当 FS0 放水量为 326 m³/h 时,影响半径 $R=673.84$ m。

（3）单位涌水量

由于井下放水试验与抽水试验不同,抽水试验可以对抽水孔进行水位观测,获取在不同抽水水量时的水位降深,进而计算出单位涌水量,而进行放水试验时不能对放水孔进行水位观测,因此,可以通过 FS0 单孔放水试验观测孔水位及与 FS0 距离相关关系推算出 FS0 放水孔的水位降深。

由图 5-39 可以看出,当 FS0 放水孔的放水水量为 216 m³/h 时,FS0 钻孔内的水位降深约为 10.3 m,单位涌水量为 5.83 L/(s·m);当 FS0 放水孔的放水水量为 326 m³/h 时,FS0 钻孔内的水位降深约为 24.2 m,单位涌水量为 3.74 L/(s·m)。直罗组下段含水层富水性为强至极强富水性。

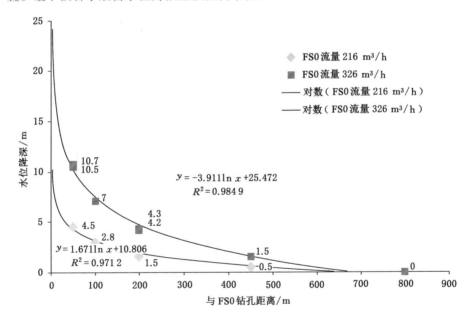

图 5-39　FS0 单孔放水试验观测孔水位及与 FS0 距离趋势预测图

（4）给水度

由西安理工大学岩土实验中心对直罗组下段含水层粗砂岩进行了水理性质测试,测试结果粗砂岩给水度为 9.76％。

（5）与以往参数对比

针对麦垛山井田直罗组及其下段含水层共进行过三次勘探,其渗透系数和单位涌水量见表 5-19。

表 5-19 不同勘探期水文地质参数一览表

水文地质参数		地质勘探	水文地质补充勘探	放水试验
渗透系数 /(m/d)	最小值	0.012 9	0.014	3.673
	最大值	0.098 5	0.956	6.297
	平均值	0.055 3	0.312	4.958
单位涌水量 /[L/(s·m)]	最小值	0.013 1	0.009 6	3.740
	最大值	0.098 6	0.299 5	5.830
	平均值	0.054 1	0.143 6	4.785

从三次勘探成果来看,水文地质补充勘探较地质勘探中提高了一个数量级,放水试验较水文地质补充勘探又提高了一个数量级,这主要是由于地质勘探是针对直罗组含水层进行的抽水试验,而直罗组含水层包括上段和下段两部分,上段含水层主要以泥岩、粉砂岩和细砂岩为主,渗透性和富水性均较小,导致地质勘探报告中直罗组含水层的水文地质参数较小;而首采区水文地质补充勘探主要是以直罗组下段含水层为探查目标层位,其渗透性和富水性相对于直罗组整段含水层更强。因此,水文地质补充勘探报告中直罗组下段含水层水文地质参数相对于地质勘探报告提高了一个数量级;而放水试验相对于抽水试验,其钻孔成孔过程存在差异(抽水试验钻孔在钻探循环液和洗井方式等方面与放水试验钻孔不同),并且地下水流的驱动方式也不同,导致根据放水试验所计算的水文地质参数相对于抽水试验更大。

需要说明的是,基于直罗组下段含水层放水试验得到的水文地质参数与实际值存在一定误差,这主要是由于直罗组下段含水层厚度不均,且向下部 1～2 煤层间延安组进行排泄,所有放水孔和观测孔为倾斜钻孔,以上因素造成了与裘布依假设条件的不一致,导致了误差的产生。对于单位涌水量计算成果,由于放水试验不能对放水孔进行水位实时观测,其水位降深值是根据周边钻孔降深及与放水孔距离相关方程推算得到的,因此,单位涌水量计算值与实际值会出现一定的误差。

5.3.4 直罗组下段砂岩含水层放水孔水量、水位变化规律

(1) 单孔放水水量、水位变化规律

① 水量变化规律

直罗组下段含水层单孔放水试验(FS0 钻孔)216 m^3/h 定流量放水 143 h,326 m^3/h 定流量放水 121 h,恢复水位 24 h,如图 5-40 所示。

在直罗组下段含水层 FS0 单孔放水试验第一阶段定流量放水过程中,FS0 放水孔最小流量为 190.48 m^3/h,最大流量为 233.01 m^3/h。由图 5-40 可以看

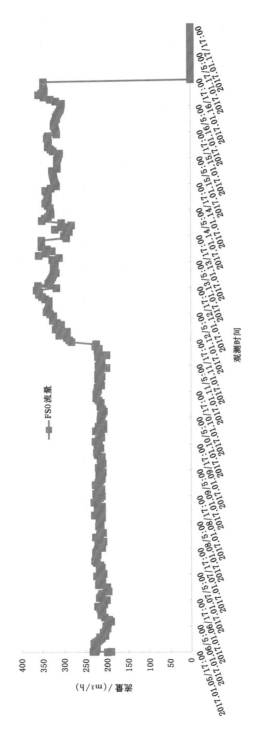

图 5-40　直罗组下段含水层 FS0 单孔放水试验放水孔水量变化历时曲线图

出,放水水量较为稳定,并未出现衰减;第二阶段定流量放水过程中,FS0 放水孔最小流量为 281.25 m³/h,最大流量为 362.88 m³/h,虽然放水流量增大,且放水流量产生小幅波动,但是放水水量同样未出现衰减。对于直罗组下段含水层,放水流量平均值从 216 m³/h 增大到 326 m³/h,但是流量没有发生衰减,说明直罗组下段含水层富水性较强,单个钻孔在短时间内对周边含水层的疏放效果有限。

② 水位变化规律

直罗组下段含水层单孔放水试验(FS0 钻孔)的观测孔包括了 G1～G5、FS1-1、FS1-2、FS2-1、FS2-2、JD1、JD2 和 ZL5～ZL7。由图 5-41 可以看出,除了 JD2 在放水试验的影响范围以外没有出现水位变化,其余钻孔水位均对放水试验产生了响应,见表 5-20。

表 5-20　观测孔对 FS0 放水的响应时间和响应降深统计一览表

观测孔	与 FS0 距离 /m	第一阶段放水		第二阶段放水		恢复阶段	
		响应时间 /min	响应降深 /m	响应时间 /min	响应降深 /m	响应时间 /min	响应降深 /m
G1	50	5	4.5	60	10.7	5	−10.2
G2	100	5	2.8	60	7.0	5	−4.2
G3	216	/	/	3 300	2.0	/	/
G4	200	600	2.0	360	4.3	200	−1.5
G5	450	456	0.5	3 120	1.5	/	/
FS1-1	50	5	4.5	60	10.5	5	−8.2
FS1-2	182	/	/	3 180	4.2	420	−1.7
FS2-1	281			960	2.0	15	−1.4
FS2-2	325	/	/	4 020	0.5	140	−1.3
JD1	200	360	1.5	960	4.2	5	−1.3
JD2	800	/	/	/	/	/	/

由表 5-20 和图 5-42 可以看出,各观测孔的水位响应时间随着与 FS0 放水孔距离的增大而延长,第二阶段放水各观测孔水位响应时间明显长于第一阶段放水各观测孔水位响应时间,恢复阶段各观测孔水位响应时间与第一阶段放水各观测孔水位响应时间较为接近。由表 5-20 和图 5-43 可以看出,各观测孔的响应降深随着与 FS0 放水孔距离的增大而减小。

(2)多孔放水水量、水压变化规律

① 水量变化规律

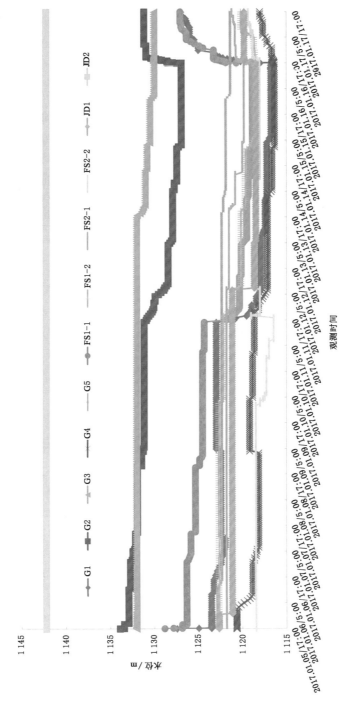

图 5-41　直罗组下段含水层 FS0 单孔放水试验观测孔水位变化历时曲线图

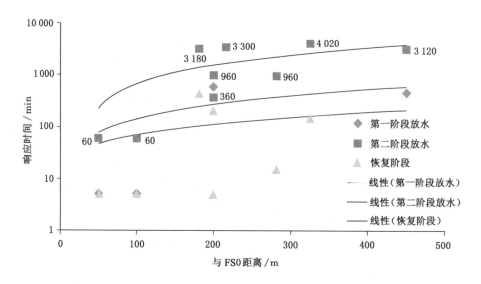

图 5-42　各观测孔与 FS0 距离和水位响应时间相关关系图

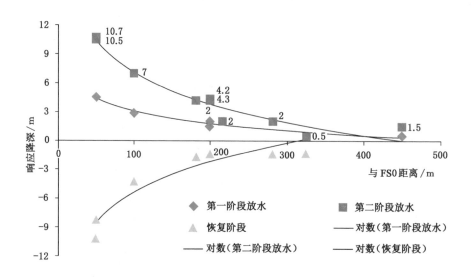

图 5-43　各观测孔与 FS0 距离和水位响应降深相关关系图

　　直罗组下段含水层多孔放水试验 FS0 钻孔 222 m³/h 定流量放水 18 h，FS0、FS1-1 和 FS1-2 钻孔 491 m³/h 定流量放水 54 h，FS0、FS1-1、FS1-2、FS2-1 和 FS2-2 钻孔 811 m³/h 定流量放水 40 h，最后恢复水位 56 h，共计 168 h，如图 5-44 所示。

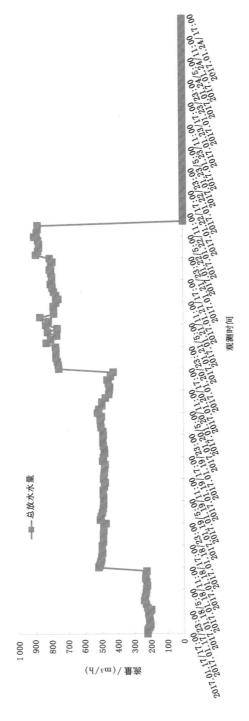

图 5-44　直罗组下段含水层多孔放水总水量变化历时曲线图

由图 5-44 可以看出,在直罗组下段含水层多孔放水试验时,不同数量放水钻孔在不同放水水量的条件下,总放水水量基本上没有出现衰减的趋势,且还有增大的现象,说明钻孔水量在有限的时间内不会随着钻孔数量的增加和时间的延长而减小。

由图 5-45 可以看出,在直罗组下段含水层多孔放水试验时,除了 FS1-2 放水孔水量出现衰减,其余放水孔的水量基本上保持上下波动或者增大的趋势,说明在有限时间内各放水孔水量基本稳定,并未出现明显衰减,直罗组下段含水层具有较好的地下水补给来源。

② 水位变化规律

a. 放水孔水位变化规律

FS0、FS1-1、FS1-2、FS2-1 和 FS2-2 放水孔未进行放水时,对其水位进行了观测,各放水孔水位变化历时曲线如图 5-46 所示。

由图 5-46 可以看出,各放水孔在未进行放水时,水位呈现出逐渐下降的趋势,当关闭阀门后,水位恢复呈现出先快后慢的趋势,最终各放水孔水位趋于稳定。

b. 观测孔水位变化规律

除了 JD2 观测孔位于直罗组下段含水层多孔放水试验影响区域以外,其余各观测孔水位均随多孔放水产生了变化,如图 5-47 所示。

由图 5-47 和表 5-21 可以看出,G1、G2、G4 等位于放水试验区域中心的观测孔水位降深较大,G3、G5 和 JD1 距离放水试验中心的观测孔水位降深较小,而 JD2 由于距离放水试验中心太远而未产生水位降深。由图 5-48 和图 5-49 可以进一步看出,当观测孔与所有放水孔距离之和超过 2 800 m 时,将不会发生水位下降。

表 5-21　观测孔水位变化与放水孔距离统计一览表

钻孔	与所有放水孔距离之和/m	水位降深/m				
		第一阶段	第二阶段	第三阶段	恢复阶段	差值
G1	847	4.5	13.7	21.5	−20.5	1.0
G2	1 033	1.2	9.0	13.9	−13.2	0.7
G3	1 402	0	4.5	6.5	−4.5	2.0
G4	1 077	0.3	3.3	12.8	−10.7	2.1
G5	1 915	0	1.0	2.5	−0.2	2.3
JD1	1 492	1.3	3.8	8.1	−10.6	−2.5
JD2	3 648	0	0	0	0	0

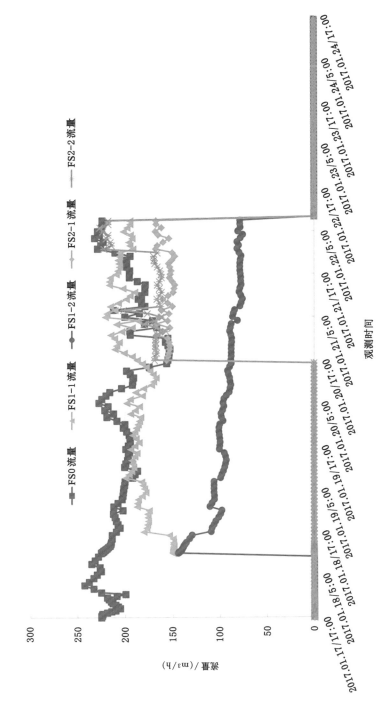

图 5-45　直罗组下段含水层多孔放水各放水孔水量变化历时曲线图

图 5-46 直罗组下段含水层多孔放水各放水孔水位变化历时曲线图

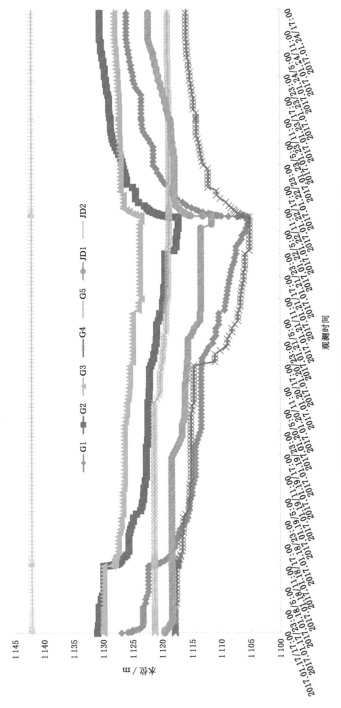

图 5-47　直罗组下段含水层多孔放水各观测孔水位变化历时曲线图

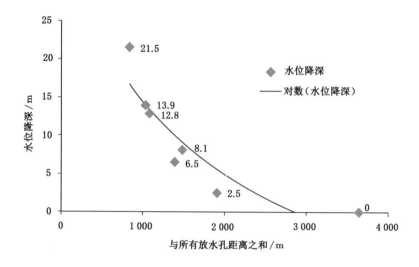

图 5-48 观测孔水位降深与放水孔距离相关关系图

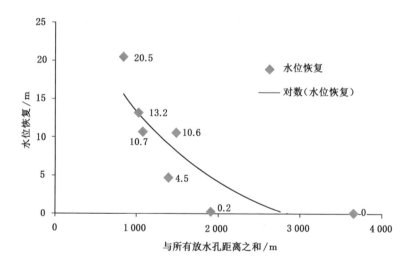

图 5-49 观测孔水位恢复与放水孔距离相关关系图

（3）单孔放水试验降落漏斗形态特征

直罗组下段含水层单孔放水试验 FS0 放水孔北部和南部均有不同距离的观测孔，将各观测孔与 FS0 放水孔不同的距离与水位降深绘制成散点图，如图 5-50 和图 5-51 所示。

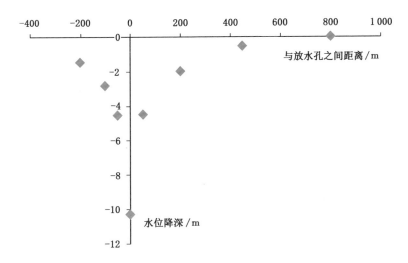

图 5-50　直罗组下段含水层地下水降落漏斗(FS0 水量 216 m³/h)

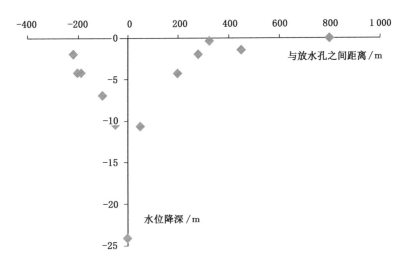

图 5-51　直罗组下段含水层地下水降落漏斗(FS0 水量 326 m³/h)

由图 5-50、图 5-51 可以看出,FS0 放水时,一方面在放水孔水量较大时降深有限,如在放水量为 216 m³/h 和 326 m³/h 时,降深仅为 10.3 m 和 24.2 m;另一方面观测孔水位下降也有限,说明直罗组下段含水层渗透性强,补给充分。

第6章 基于放水试验的地下水流数值模拟研究

6.1 直罗组下段含水层概况

6.1.1 直罗组下段地层

侏罗系中统直罗组（J_2z）为一套干旱半干旱气候条件下的河流-湖泊相沉积，在勘探区隐伏于新生界覆盖层之下。本次勘探钻孔揭露厚度为 216.46～472.90 m，平均厚度为 369.05 m。根据岩性组合由下至上划分为两段。

（1）直罗组下段（J_2z^1）

该段为本次勘探设计的主要目的层，区内所有勘探钻孔皆为取芯钻进，揭露厚度为 60.30～201.25 m，平均厚度为 125.43 m（直罗组下段地层厚度等值线如图 6-1 所示，直罗组下段顶板等埋深线如图 6-2 所示）。岩性为灰绿、蓝灰、灰黄、灰褐色夹紫斑的中粒及粗粒砂岩、粉砂岩、泥岩、砂质泥岩。底部为一厚层状灰白、黄褐或红色含砾石英长石粗砾砂岩，俗称"七里镇砂岩"，厚度一般在 2.96～147.4 m，平均 49 m 左右（"七里镇砂岩"等厚线如图 6-3 所示），"七里镇砂岩"为 2 煤层开采的主要直接充水含水层之一。

① 地层发育的基本特征：据钻孔取芯鉴定分析，该段砂岩的成岩程度较低，钙质及泥质胶结，但胶结程度较差；结构松散，质地疏松；颗粒支撑，但分选性较差，碎屑粒度偏小；裂隙-孔隙及层理较发育。另据分析，岩石中的胶结物在地下水的长期溶解作用下，形成了十分发育的后生溶蚀孔隙，并可见方解石溶解和沉积结晶现象；尤其是在与泥质岩的接触面附近，由于泥质岩起阻水作用，从而使得裂隙-孔隙发育具有含水特征。

② 地层结构的统计：根据岩性鉴定统计资料，各孔中、粗粒砂岩段有 42 层，其中破碎段有 28 层、完整段有 14 层，各分别占总层数的 66.7% 和 33.3%；中粒砂岩有 47 层，其中破碎段有 31 层、完整段有 16 层，各分别占总层数的 66% 和 34%。

（2）直罗组上段（J_2z^2）

该段为本次勘探设计的非目的层，区内大部分钻孔为无芯钻进，根据测井解

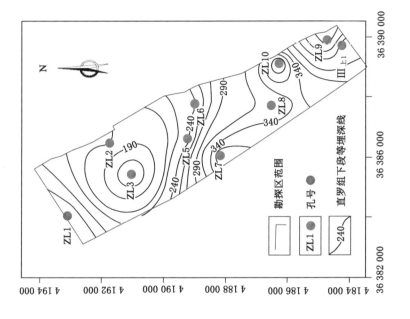

图 6-2　直罗组下段顶板等埋深线图

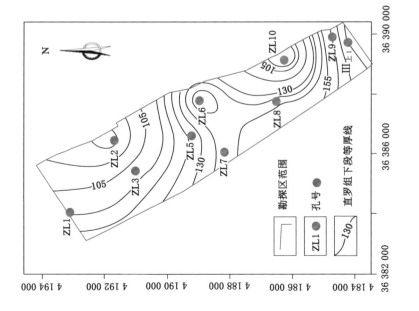

图 6-1　直罗组下段地层厚度等值线图

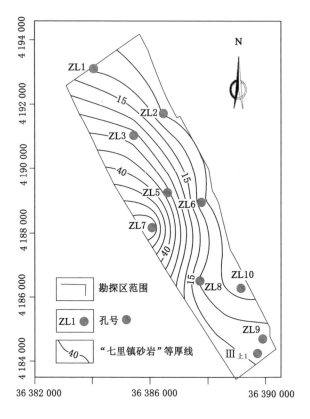

图 6-3 "七里镇砂岩"等厚线图

释及间隔取芯判层,揭露厚度为 97.0～273 m,平均厚度为 228 m(直罗组上段地层等厚线如图 6-4 所示)。岩性以灰绿、灰黄色粉砂岩、砂质泥岩、细粒砂岩、泥岩为主,夹中粒砂岩、粗粒砂岩等互层。其中,含水地层是以中粒砂岩为主,其次为粗粒砂岩,钙、泥质胶结,分选性较差,颗粒支撑。

6.1.2　直罗组下段含水层

井田内未见直罗组下段地层出露,隐伏在新生界及上段地层之下。据本次勘探资料,其顶板埋深一般为 145～376 m,即属埋藏区(中深埋区)。地层由一套直罗组下段泥岩、砂质泥岩、粉砂岩、细粒砂岩、中粒砂岩、粗粒砂岩等互层组成,钻孔揭露厚度为 60～201 m,层位稳定、连续。其中,含水层是以其所夹中、粗粒砂岩为主,特别是以直罗组底部厚层粗粒砂岩("七里镇砂岩")为主要含水层,也是 2 煤层开采直接充水含水层。据测井解释资料,直罗组下段至 2 煤层顶板含水层累计厚度一般为 27.33～148.67 m,如图 6-5 所示。

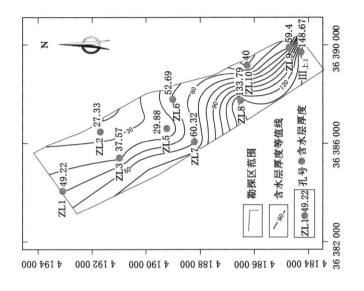

图 6-5 直罗组下段含水层厚度等值线图

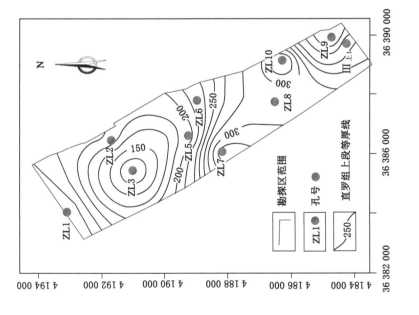

图 6-4 直罗组上段地层等厚线图

由图 6-6 可以看出,麦垛山煤矿直罗组下段底界北高(1 124.916 m)南低 (848.205 m),含水层厚度(测井解释:一般为 27.33~148.67 m)在平面分布上显 示出北薄南厚的变化特征。由图 6-7 可以看出,主采 2 煤层相距直罗组下段底 界很近(1.65~37.9 m),其底部厚层"七里镇砂岩"是 2 煤层开采时威胁最大的 直接充水含水层之一。

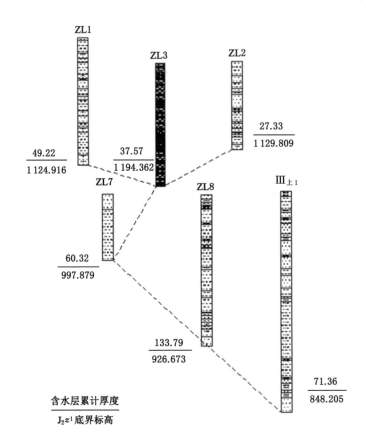

图 6-6　麦垛山井田直罗组下段含水层对比图

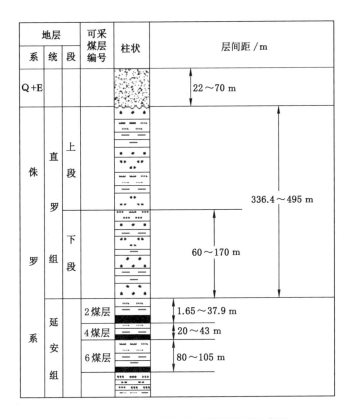

地层			可采煤层编号	柱状	层间距 /m
系	统	段			
Q +E					22～70 m
侏罗系	直罗组	上段			336.4～495 m
		下段			60～170 m
	延安组		2 煤层		1.65～37.9 m
			4 煤层		20～43 m
			6 煤层		80～105 m

图 6-7　主要含水层与主采煤层关系示意图

6.2　数值模型的原理

利用数值模型对地下水运动问题进行模拟的方法,以其众多优点逐渐成为地下水研究领域中一种不可或缺的重要方法,并越来越大受到重视和广泛的应用。由于采用了与空间有关的分布式参数数学模型,它不仅能较真实地描述含水层模型的各种特征,且能够解决各种复杂水文地质条件下煤矿含水层疏放水问题。

本次模拟计算采用加拿大 Waterloo 水文地质公司在 MODFLOW 模型的基础上开发研制的基于集成环境以软件无缝整合为主要特点的三维地下水流和溶质运移模拟的标准可视化专业软件系统 Visual MODFLOW,利用矿区长期地下水动态观测资料及多次放水试验过程资料模拟麦垛山煤矿 11 采区 2 煤层直罗组下段放水试验含水层流场变化特征,反演各水文地质参数,拟订和优化各疏放水方案。大量实践表明,只要建立符合客观实际的水文地质条件的物理和数学模型,且进行合理的运用,该系统是解决地下水流在裂隙介质中流动问题最有效的途径之一。因此,应用该软件求解煤矿地下水水文地质参数,模拟井下放水过程中水位及水量变化关系,预测和分析各疏放水方案下含水层响应情况,从而为煤矿安全生产提供技术保障。

6.2.1 模型的地下水流动原理

MODFLOW 是一个三维有限差分地下水流动模型,它是基于由达西定律和连续性方程推导的偏微分方程,具体如下:

$$\frac{\partial}{\partial x}\left(K_{xx}\frac{\partial h}{\partial x}\right)+\frac{\partial}{\partial y}\left(K_{yy}\frac{\partial h}{\partial y}\right)+\frac{\partial}{\partial z}\left(K_{zz}\frac{\partial h}{\partial z}\right)-W=S_{s}\frac{\partial h}{\partial t} \tag{6-1}$$

式中　K_{xx}、K_{yy}、K_{zz}——渗透系数在 x、y、z 方向上的分量;

h——含水层水头;

W——单位体积流量;

S_{s}——空隙介质的储水率;

t——时间。

此公式加上相应的初始条件和边界条件,就构成了一个 MODFLOW 所描述的地下水三维数值模拟数学模型。

6.2.2 模型的求解

对一个计算单元 (i,j,k) 而言,其 x、y、z 方向上相邻的 6 个计算单元可以分别用图 6-8 所示的标号来表示。根据达西定律,相邻两个计算单元的流量可用下式计算:

$$q_{i,j-\frac{1}{2},k}=KR_{i,j-\frac{1}{2},k}\Delta c_{i}\Delta v_{k}\frac{(h_{i,j-1,k}-h_{i,j,k})}{\Delta r_{j-\frac{1}{2}}} \tag{6-2}$$

式中　$h_{i,j,k}$——水头在计算单元 (i,j,k) 的值,m;

$h_{i,j-1,k}$——水头在计算单元 $(i,j-1,k)$ 的值,m;

$q_{i,j-\frac{1}{2},k}$——通过计算单元 (i,j,k) 和单元 $(i,j-1,k)$ 之间界面的流量,m³/d;

$KR_{i,j-\frac{1}{2},k}$——计算单元 (i,j,k) 和单元 $(i,j-1,k)$ 之间的渗透系数,m/d;

$\Delta c_{i}\Delta v_{k}$——横断面的面积,m²;

$\Delta r_{j-\frac{1}{2}}$——计算单元 (i,j,k) 和单元 $(i,j-1,k)$ 之间的距离,m。

MODFLOW 对上述有限差分方程的求解是采用迭代的方法来进行的,即通过一系列的迭代运算,使每次迭代得到的近似解逐渐趋于真实解。当解的变化量(有时为残差的变化量)小于一个事先设定的收敛指标时,则认为迭代已经

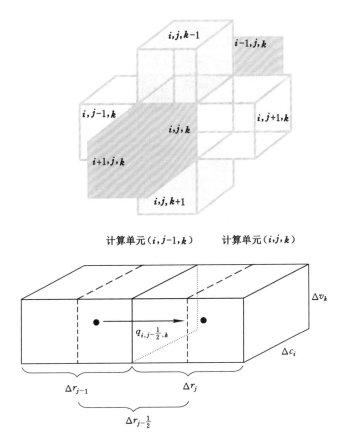

图 6-8　计算单元之间的流量

收敛,得到的结果就为原方程的解。

6.2.3　Visual MODFLOW 软件介绍

Visual MODFLOW 系统在集成 MODFLOW、WINPEST、MT3D99、MODPATH、RT3D 等软件的基础上,建立了系统合理的 Windows 菜单界面与可视化功能。其最大特点是功能强大,同时易学易用,菜单结构合理,友好的可视化交互界面和强大的模型输入输出支持使之成为许多地下水模拟专业人员的首选对象。

Visual MODFLOW 界面设计包括前处理、运行和后处理三个模块。三大模块彼此联系而又相对独立,从而实现从建模、剖分网格、输入或修改各类水文地质参数和边界条件、运行模型、模型参数校正,一直到显示输出计算结果整个过程的计算机化和可视化,如图 6-9 所示。

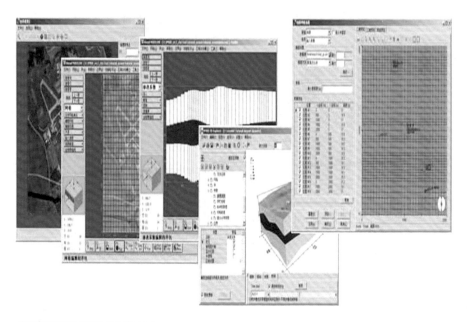

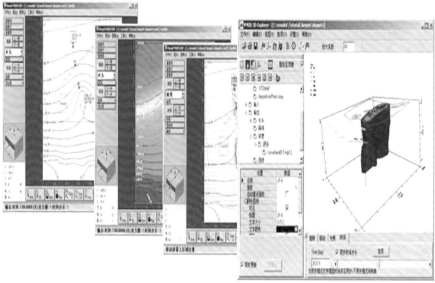

图 6-9　Visual MODFLOW 软件界面

6.3　水文地质概念模型

水文地质概念模型是地下水系统(地质实体)的综合反映,是建立一定条件下地下水数学模型的依据,因此必须在大量细致的勘探工作基础上,对水文地质条件进行深入的分析与研究,确保对条件的正确认识。本次麦垛山煤矿 11 采区 2 煤层直罗组下段含水层水文地质概念模型主要是在分析矿区水文地质条件的基础上,概化了模拟试验区地下水流系统特征,其内容包括:模拟区范围、含水层结构、边界条件及源汇项、地下水流场和水文地质参数等,为建立地下水数值模型奠定基础。

6.3.1　模型范围和边界条件

模拟区范围北以杨家窑正断层为界,南以 32 勘探线(地震 MD12 线)为界,西以于家梁逆断层为界,东以红柳井田西部边界(重合)为界,整个模拟区呈北西-南东向条带状展布,南北长约 14 km,东西宽约 4.5 km,总面积约 65 km^2。

6.3.2　水文地质结构

水文地质结构模型是指含水介质空间分布特征的定量描述,是建立地下水数值模型的基础。本次数值模拟的目的层为侏罗系中统直罗组(J_2z)中粗砂岩裂隙承压含水层组下段(J_2z^1 含水层),位于直罗组上段底部至直罗组底部之间。J_2z^1 含水层上部为直罗组粉砂岩隔水层,该隔水层为较稳定的隔水层,对于阻隔直罗组含水层上段(J_2z^2 含水层)及第四系含水层与基岩含水层之间的水力联系有较好的隔水效果。J_2z^1 含水层下部为延安组(J_2y)泥岩互层隔水层。含水层顶底板均为隔水层,因此,其为承压水含水层。

含水层岩性主要为灰绿、蓝灰、灰褐色夹紫斑的中、粗粒砂岩,夹少量的粉砂岩和泥岩,局部含砾。含水层厚度为 37.57~133.79 m,平均厚度为 62.16 m。中、粗粒砂岩含水层在模型中概化为一层,顶板标高为 1 000~1 300 m,底板标高为 850~1 150 m,如图 6-10~图 6-13 所示。该层含水层岩溶裂隙发育,富水性较好,在模型中采用等效概化方法,将其视为等效含水层。由于该含水层为非均质、各向异性,其参数在空间上是非均质的,因此利用差分方法将研究区离散为若干计算单元,每个单元可视为均质含水层。

综合研究区水文地质条件,从地下水流动系统的观点出发,将研究区含水层系统概化为三层结构立体化的水文地质模型:第一层为隔水层,第二层为承压含水层,第三层为隔水层。本次模拟对象为第二层。

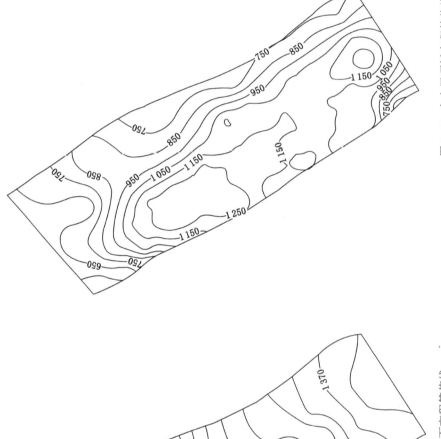

图 6-11　含水层顶板高程等值线

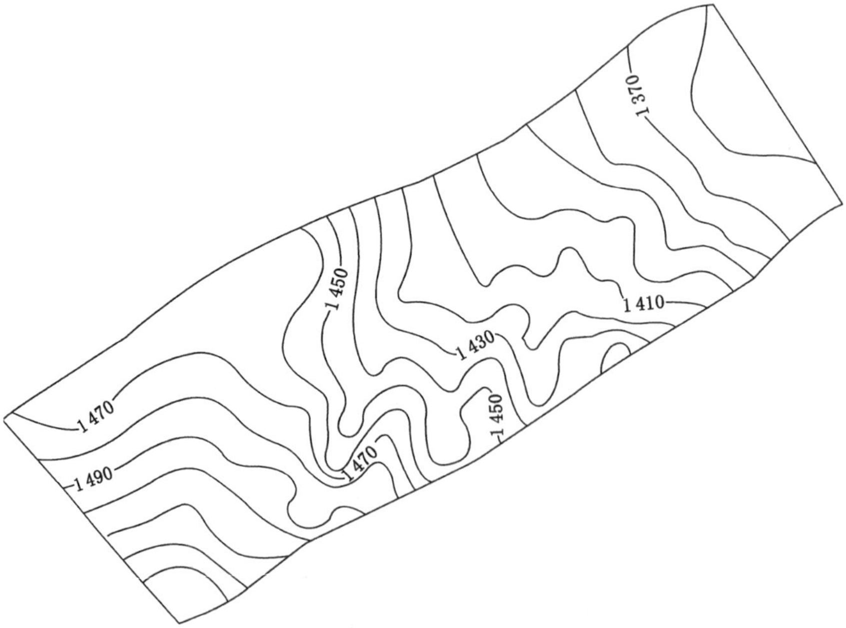

图 6-10　研究区地面高程等值线

图 6-13 隔水层底板高程等值线

图 6-12 含水层底板高程等值线

含水层在井田范围内分布较均匀,北部稍高,南部稍低。

11 采区 2 煤层直罗组下段含水层概化后,具有如下特点:

(1) 由于整个含水层系统的参数随空间呈现非均质,且水流为各向异性,因此将其概化为具有单层结构的非均质、各向异性的含水系统。

(2) 根据放水试验地下水位动态资料,该含水层地下水系统输入、输出随时间变化,为非稳定流场。

(3) 利用等效方法将整个含水层作为一个整体考虑,为近似孔隙流系统。

(4) 区内含水层厚度分布较稳定,地下水流呈层流,且具有达西流性质。

6.3.3 含水层空间离散

依据 11 采区 2 煤层直罗组下段含水层的厚度变化特征以及含水层内部结构特征,并考虑动态变化情况及放水试验变化情况,对研究区进行了三维剖分:网格大小为 $100 \text{ m} \times 100 \text{ m}$,平面上将计算区域剖分为 150 行 110 列,如图 6-14 所示。为了对放水试验情况做更细致的描述,对放水试验区域网格进行了局部加密,最终形成了 170 行 134 列共计 17 303 个网格,离散结果如图 6-15 所示,图中白色网格为有效单元格,其余网格为无效单元格。图 6-16 和图 6-17 所示分别为第 102 行和第 60 列在垂向上的剖分情况。

6.3.4 模型源汇项

由于 11 采区 2 煤层直罗组下段含水层上部为较稳定的直罗组粉砂岩隔水层,下部为延安组泥岩互层隔水层,含水层径流条件较差,地下水有利于储存不利于排泄,储水空间相对封闭,承压水主要接受上游侧向补给,水力坡度小,径流极为缓慢,各含水层在横向上具有不连续性,垂向上具有分段性。含水层深部由于水的交替能力差,径流极为缓慢,甚至几乎不动。

承压水主要通过人为排泄,当矿井在基建和生产阶段时,主要排泄途径为矿井排水。

6.3.5 边界条件

确定模拟区边界类型时,根据工作区水文地质勘查资料、多年地下水位动态资料及多次放水试验资料,对研究区边界的水文地质条件进行了合理概化。

(1) 上、下边界:模拟含水层上部为直罗组粉砂岩隔水层,下部为延安组泥岩互层隔水层,因此将含水层上、下边界设为隔水边界。

(2) 西部边界:矿区西部为于家梁逆断层,经勘探其阻水性能良好,将此边界设为隔水边界。

(3) 西北部及东北部边界:研究区原西北部和东北部边界均为含水层下游

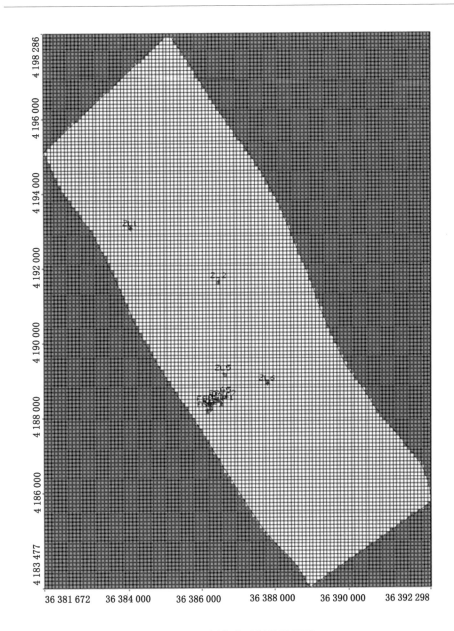

图 6-14　网格单元剖分平面图

断面流出边界,但由于井田开采及井下出水点长时间大流量放水,研究区中心地区已形成一个大的降落漏斗,其边界性质发生了改变,含水层接受井田范围外侧向补给,区内地下水位也随之发生了较大变化。

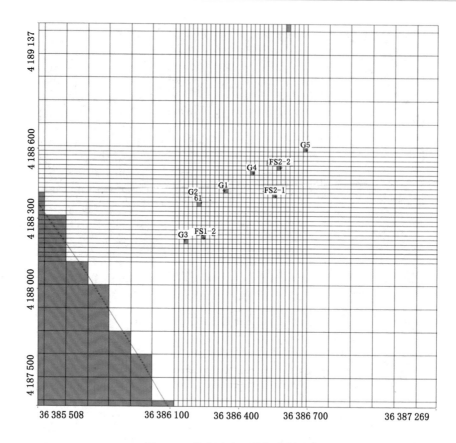

图 6-15　放水试验区域加密剖分图

多数矿区边界均为人为边界,在模拟过程中通常概化为二类流量边界,但考虑研究区地下水动态的变化以及后续防治水和开采过程中水位流场变化均会对边界产生不容忽视的影响,因此本次模拟中不采用定流量边界,而是考虑实际水文地质条件,将西北部和东北部边界采用软件中的 GHB 边界模块(一般水头边界)来刻画。

(4)东部边界:矿区东部边界与红柳井田西部边界重合,原平行于含水层地下水流场为定流量边界,现由于渗流场发生了较大的改变,其边界性质变为接受井田范围外含水层侧向流入补给,因此也设为 GHB 边界。

(5)东南部及南部边界:与北部边界条件相类似,这部分与区域地下水有较好的水力联系,故将这两个边界均设为 GHB 边界。

GHB 边界条件可以刻画研究区地下水流与区域地下水之间的联系,也可以

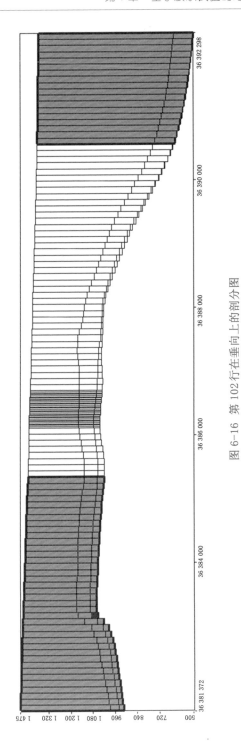

图 6-16　第 102 行在垂向上的剖分图

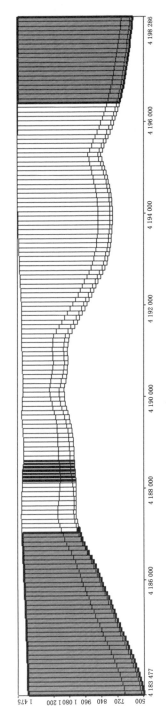

图 6-17　第 60 列在垂向上的剖分图

用来模拟矿区受放水或采矿影响产生的地下水位变化情况。GHB 边界条件通过导水系数值来刻画边界处的流量,在模型中可采用默认的计算公式来进行计算,也可人为确定该数值。

根据研究区各边界附近水文地质条件勘探结果,结合研究区内部及相邻地区渗流场分析,各 GHB 边界流量具体数值输入按各边界水位梯度和模拟期间水位动态变化值确定的导水系数值进行输入,见表 6-1。

表 6-1　各边界水文地质参数汇总表

边界名称	边界类型	模型实现(水文地质参数输入)
上、下边界	隔水边界	渗透系数:$K_x = K_y = K_z = 0$
西部边界	隔水边界	采用无效网格等效替代
西北部及东北部边界	GHB 边界	导水系数:2.291 2 m²/d
东部边界	GHB 边界	导水系数:2.834 7 m²/d
东南部及南部边界	GHB 边界	导水系数:3.000 m²/d

6.4　地下水流数值模型识别与检验

模型的识别与检验就是以降低模型残差为目的而进行的参数调整,从而使模型能够准确再现系统的真实行为,其实质就是运行计算模型程序,得到研究区水文地质模型在给定的各种水文地质参数、各种水文地质边界和源汇项条件下的地下水时空分布规律,将这种规律通过与同时期的实测资料做对比来进行拟合,使建立的模型更为符合实地的水文地质条件。这个过程在整个模拟中极为重要,一般都要通过反复修改各种参数、边界条件和调整各种源汇项才能达到令人比较满意的结果。

由于本次模拟的含水层水文地质条件复杂,井下出水情况复杂多变,部分资料收集不全,故模型不可能完全刻画出研究区的地下水系统,所以本次识别和检验主要遵循以下几个原则:① 模型模拟出的地下水流场要与实际地下水流场基本一致,表现为模拟出的地下水等值线分布图要与实测的地下水位等值线分布图形状相似;② 模拟出的含水层放水试验动态过程要与实测的放水试验动态过程基本相似,表现为模拟与实际的地下水过程线形状相似;③ 识别出的水文地质参数要符合实际水文地质条件。

根据实际多年地下水动态观测资料及多次放水试验观测数据,对模型进行三次识别和验证(图 6-18):

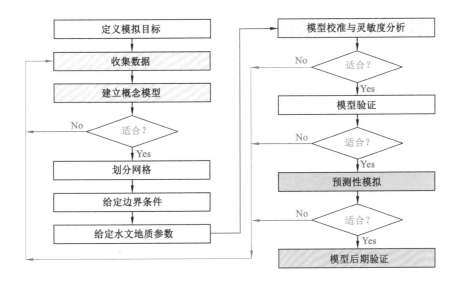

图 6-18　计算流程图

（1）以 2014 年 8 月 27 日实测流场为初始流场,以 2017 年 1 月 5 日实测流场为设定的近似稳定流场,对井田掘进过程中部分井下出水点大流量放水情况下含水层近似稳定流流场初步识别。

（2）2017 年 1 月 5 日 17:00—2017 年 1 月 17 日 17:00,对井下 FS0 钻孔单孔放水试验非稳定流模型识别。

（3）2017 年 1 月 17 日 17:00—2017 年 1 月 24 日 17:00,对井下 FS0、FS1-1、FS1-2、FS2-1 和 FS2-2 钻孔多孔放水试验非稳定流模型验证。

6.4.1　近似稳定流流场初步识别

（1）初始水位

采用 2014 年 8 月 27 日各观测孔水位数据,利用 Visual MODFLOW 提供的插值功能绘制出研究区地下水初始流场,其形态如图 6-19 所示。

（2）时间离散

由于在该识别期内,采区内存在大量井下出水点并伴随大流量长时间放水,采区范围形成了大面积降落漏斗且不断发生变化,为非稳定流场。为了便于模拟,可以通过参数调整,利用"非稳定流场在足够长时间内可以达到近似稳定流

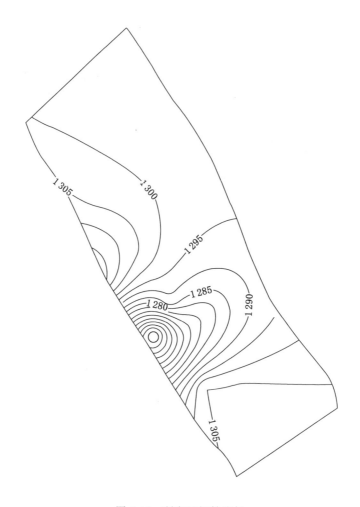

图 6-19　研究区初始流场

场"的识别手段,对此阶段模型进行初步识别。

　　本次模型初步识别采用非稳定流计算模块进行计算,近似稳定流识别时间为 20 000 天,以非稳定场达到设定流场并保持近似稳定为目标。计算过程中,时间上采用"先密后疏"的原则分为 50 个时间段,时间步长取 10,共分为 500 个时段。

　　(3) 解算器的选择及设定

　　求解地下水的流场方程组,在 Visual MODFLOW 中有多种解算器程序包可供选择,本模型采用 Visual MODFLOW 的 WHS 解算器系统求解方程组,设定的迭代次数为 200,残差标准为 0.01。为了防止模型在运行过程中部分计算单元被疏干而导致计算中止,选用了 Rewetting 干湿交替模块,同时对底部单元的最低水位值进了设置。

(4)近似稳定流初步识别结果判读

① 流场拟合

通过反复调整水文地质参数,模拟近似流场与设定实测流场的形状基本一致,拟合较好,见表 6-2。

表 6-2　观测孔实测水位与模拟水位对比表　　　　　单位:m

序号	钻孔	实测水位	模拟水位	误差
1	ZL1	1 264.15	1 265.61	−1.46
2	ZL2	1 269.00	1 270.96	−1.96
3	ZL5	1 140.35	1 138.02	2.33
4	ZL6	1 144.97	1 143.33	1.64
5	FS1-1	1 128.80	1 129.17	−0.37
6	FS1-2	1 122.60	1 129.59	−6.99
7	FS2-1	1 121.78	1 121.92	−0.14
8	FS2-2	1 118.50	1 121.92	−3.42
9	G1	1 127.42	1 125.39	2.03
10	G2	1 133.91	1 130.23	3.68
11	G3	1 131.97	1 121.17	10.8
12	G4	1 120.65	1 122.36	−1.71
13	G5	1 122.82	1 120.84	1.98

② 流场近似稳定后的观测井水位动态拟合

如图 6-20 所示,选用 9 口观测井实测水位数据对近似稳定流场的动态变化进行拟合。结果表明,在拟合中后期,各观测井计算水位都能近乎保持稳定且维持在设定的水位值允许误差范围内,表明模型近似稳定流拟合效果较好。

③ 统计数据拟合

模型的计算值和实测值主要的拟合统计数据有:平均残差、均方差、标准化均方差、相关系数(CC)。

近似稳定流拟合各观测井水位动态变化曲线如图 6-21 所示,近似稳定流拟合统计参数见表 6-3。

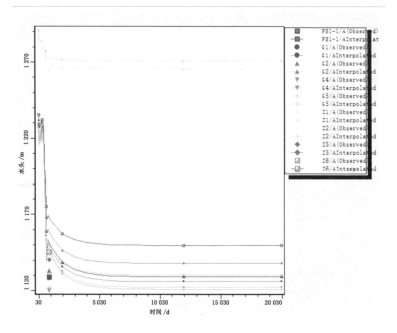

图 6-20　近似稳定流拟合各观测井水位动态变化曲线

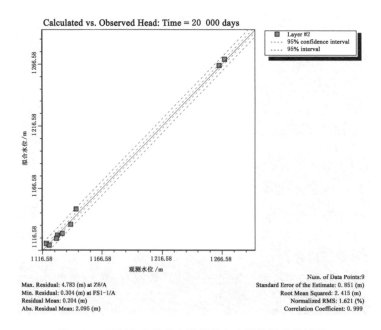

图 6-21　近似稳定流拟合计算值与实测值误差统计图

由表 6-3 可以看出,本次建立的模型标准化均方差是 1.621%,相关系数为 0.999,这就表示模型与设定的实测近似稳定流场的拟合性比较好,基本上能够反映出研究区地下水系统的空间变化规律。

表 6-3　近似稳定流拟合统计参数表

统计参数	RM	RMS	NRMS	CC
数值	0.204 m	2.415 m	1.621%	0.999

6.4.2　单孔放水试验非稳定流模型识别

单孔抽水试验时间为 2017 年 1 月 5 日 17:00—2017 年 1 月 17 日 17:00,历时 288 h,放水孔为 FS0,其流量变化曲线如图 6-22 所示,其中放水 264 h,水位恢复 24 h。观测孔为 FS1-1、FS1-2、FS2-1、FS2-2、G1、G2、G4 和 G5。本次建模运用此段数据,对模型各参数进行进一步的精准识别。

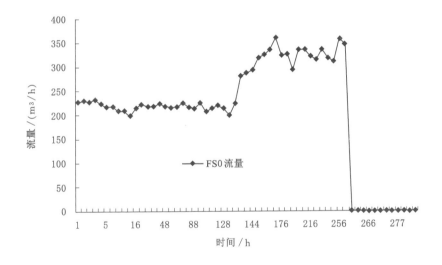

图 6-22　FS0 单孔放水试验流量变化曲线图

识别模型采用近似稳定流识别的流场作为初始水位。仿照抽水试验观测频率“先密后疏”的原则,将 266 h 放水试验设为 60 个时间段,步长采用“等步长”的方法,仅在放水开始和结束两个时间段采用 10 的步长,共分为 68 个时段。模型识别的主要数据见表 6-4。

表 6-4　单孔放水试验模型识别主要参数

时间	2017 年 1 月 5 日 17:00—2017 年 1 月 17 日 17:00
流场类型	非稳定流
放水孔	FS0
观测孔	FS1-1、FS1-2、FS2-1、FS2-2、G1～G5
拟合观测孔	FS1-1、FS1-2、FS2-1、FS2-2、G1、G2、G4、G5
初始水位	识别的近似稳定流场
应力期	1
应力期长度	266 h
时间步长	10

通过不断调整水文地质参数和边界条件,使得计算的水位值与实测的水位值之差最小,以取得最佳拟合效果。

(1) 各观测孔拟合效果及分析

选择 FS1-1、FS1-2、FS2-1、FS2-2、G1、G2、G4、G5 共 8 个观测孔的实测水位与计算水位进行拟合,水位拟合曲线如图 6-23～图 6-30 所示。

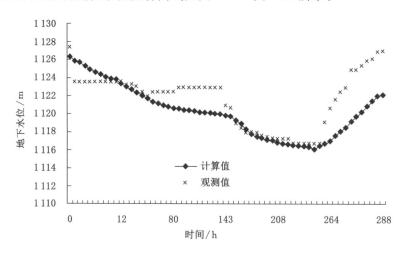

图 6-23　G1 孔计算和观测拟合曲线图

通过对比两段不同流量放水期和一段恢复期观测水位与计算水位拟合曲线不难发现,虽然通过调整参数在观测数据与计算数据间仍然存在一定的差异,但是整体趋势相同,水位数值拟合相近,证明了本次运用 Visual

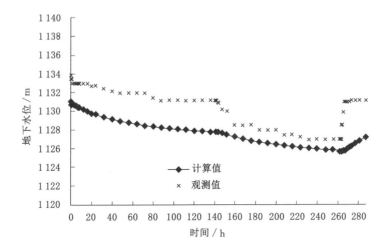

图 6-24　G2 孔计算和观测拟合曲线图

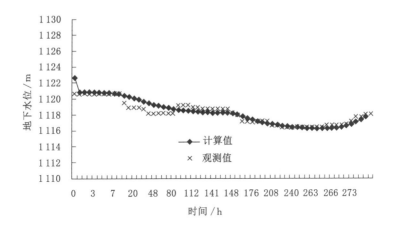

图 6-25　G4 孔计算和观测拟合曲线图

MODFLOW 进行麦垛山煤矿 11 采区 2 煤层直罗组下段含水层放水试验数值模拟,地质模型概化合理,数学模型选用得当,通过参数调整,能够起到在含水层参数分区上贴近实际地层情况,补给情况符合客观事实,能够较为准确地反映研究区的真实情况。

（2）模拟统计数据分析

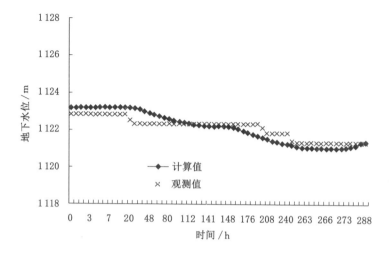

图 6-26　G5 孔计算和观测拟合曲线图

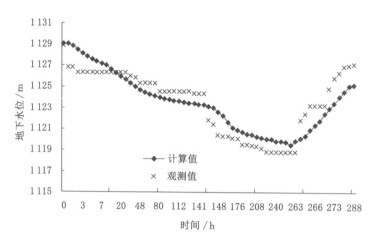

图 6-27　FS1-1 孔计算和观测拟合曲线图

按照 FS0 流量变化动态,分别对放水试验过程中关键时间节点(143 h、263 h 及 288 h)的计算值和观测值的偏离误差进行统计,结果如图 6-31 所示。

通过模型的识别,单孔放水试验模拟的水位动态曲线与实测的水位动态曲线达到了较好的拟合效果,两者的动态变化过程也比较吻合。通过关键时间节点的统计数据分析,观测值与计算值的残差较小,相关系数均达到了较高水平。虽然个别观测孔的计算值和实测值有所偏差,但是都能保持在 95% 的置信区间内,说明模型的拟合效果较好。同时,在模拟过程中,没有出现明显的误差累积

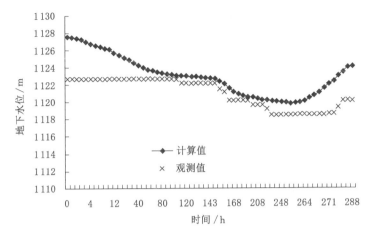

图 6-28　FS1-2 孔计算和观测拟合曲线图

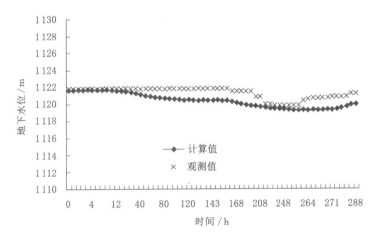

图 6-29　FS2-1 孔计算和观测拟合曲线图

和扩大的趋势,说明数值模型是可靠的,基本上能够反映出研究区地下水系统的空间变化规律。

6.4.3　水文地质参数反演

水文地质参数反演,是数学运算中的解逆问题,即利用水头函数解算地下水均衡方程,而水头函数是一个多元函数,它是均衡场地质条件和均衡条件的表征。解算均衡方程,就是在已知水头函数的条件下,对组成均衡场的各要素进行判别。这种判别在地质上可以理解为对均衡区水文地质条件(包括边界条件)的

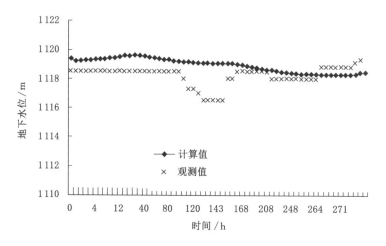

图 6-30　FS2-2 孔计算和观测拟合曲线图

一次全面验证,其结果可以对条件做出重新认识,其方法是根据观测点的资料来反求水文地质参数与验证边界。

通过模型的识别和验证,获得了麦垛山煤矿 11 采区 2 煤层直罗组下段含水层的水文地质参数,参数识别分为 6 个区(图 6-32),水平渗透系数为 0.9~4.5 m/d,垂向渗透系数为 0.09~0.45 m/d,给水度为 0.01~0.02,储水率为 1×10^{-7}~5.5×10^{-7},见表 6-5。

表 6-5　水文地质参数分区表

分区	K_x/(m/d)	K_y/(m/d)	K_z/(m/d)	给水度	S_s/(1/m)
I	0.9	0.9	0.09	0.01	2.7×10^{-7}
II	2.3	2.3	0.23	0.01	5.5×10^{-7}
III	2.0	2.0	0.2	0.01	2.8×10^{-7}
IV	1.8	1.8	0.18	0.02	3.3×10^{-7}
V	1.6	1.6	0.16	0.02	2×10^{-7}
VI	4.5	4.5	0.45	0.02	1×10^{-7}

本次地下水系统数值模拟是在充分研究本区地下水系统结构的基础上进行的。模型识别过程中所涉及的物理量是在实际调查和放水试验的基础上确定的,因此在调参时就做到了有规律可循,消除了无目的调试点的盲目性,大大提高了调参的置信度。从识别结果来看,地下水系统参数的级别大小及边界上的

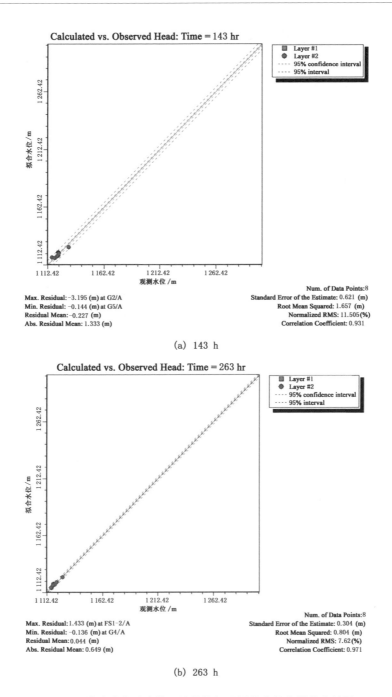

Calculated vs. Observed Head: Time = 143 hr

| Layer #1 |
| Layer #2 |
| 95% confidence interval |
| 95% interval |

拟合水位 /m

观测水位 /m

Max. Residual: -3.195 (m) at G2/A
Min. Residual: -0.144 (m) at G5/A
Residual Mean: -0.227 (m)
Abs. Residual Mean: 1.333 (m)

Num. of Data Points: 8
Standard Error of the Estimate: 0.621 (m)
Root Mean Squared: 1.657 (m)
Normalized RMS: 11.505 (%)
Correlation Coefficient: 0.931

(a) 143 h

Calculated vs. Observed Head: Time = 263 hr

| Layer #1 |
| Layer #2 |
| 95% confidence interval |
| 95% interval |

拟合水位 /m

观测水位 /m

Max. Residual: 1.433 (m) at FS1-2/A
Min. Residual: -0.136 (m) at G4/A
Residual Mean: 0.044 (m)
Abs. Residual Mean: 0.649 (m)

Num. of Data Points: 8
Standard Error of the Estimate: 0.304 (m)
Root Mean Squared: 0.804 (m)
Normalized RMS: 7.62 (%)
Correlation Coefficient: 0.971

(b) 263 h

图 6-31　单孔放水试验模型计算值与观测值的偏离误差分析图

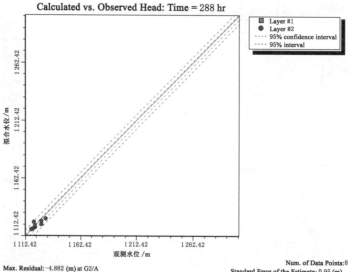

Calculated vs. Observed Head: Time = 288 hr

Max. Residual: −4.882 (m) at G2/A
Min. Residual: 0.018 (m) at G5/A
Residual Mean: −1.138 (m)
Abs. Residual Mean: 2.129 (m)

Num. of Data Points: 8
Standard Error of the Estimate: 0.95 (m)
Root Mean Squared: 2.76 (m)
Normalized RMS: 21.069 (%)
Correlation Coefficient: 0.824

(c) 288 h

图 6-31 （续）

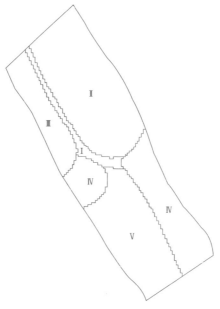

图 6-32 水文地质参数分区图

水量交换强弱程度和实际系统基本相一致,较好地反映了实际地下水系统的结构与功能特征。

6.5 基于数值模拟的掘进巷道顶板含水层可疏性分析

6.5.1 掘进巷道顶板含水层疏放水量与时间分析

为了分析 110207 工作面巷道在掘进过程中是否可以采用超前疏放水,对顶板直罗组下段含水层进行疏放,共设置了 6 种疏放水方案,利用已经校正好的地下水流数值模型预测当直罗组下段含水层水位降至含水层底板时所需要的疏放水量及对应的疏放时间。

疏放水钻孔设置在 110207 工作面风巷中,共布设 15 个疏放水钻孔,直罗组下段含水层水位疏放约束值为含水层底板标高。

(1) 1 号疏放水方案

1 号疏放水方案疏放水量设置为 600 m³/h,利用地下水流数值模型对其疏放时间进行预测,根据模型预测结果,疏放水时间长达 450 天时,地下水位仍然未疏降至含水层底板(图 6-33),故 1 号疏放水方案不可行。

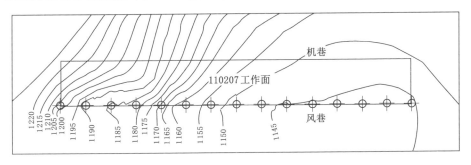

图 6-33 疏放水量为 600 m³/h 时的直罗组下段含水层地下水流场

(2) 2 号疏放水方案

2 号疏放水方案疏放水量设置为 700 m³/h,利用地下水流数值模型对其疏放时间进行预测,根据模型预测结果,疏放水时间长达 280 天时,地下水位疏降至含水层底板,如图 6-34 所示。

(3) 3 号疏放水方案

3 号疏放水方案疏放水量设置为 800 m³/h,利用地下水流数值模型对其疏放时间进行预测,根据模型预测结果,疏放水时间长达 200 天时,地下水位疏降

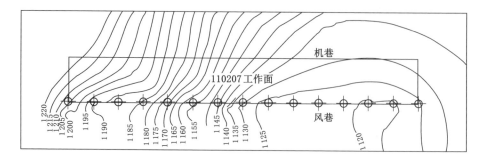

图 6-34 疏放水量为 700 m³/h 时的直罗组下段含水层地下水流场

至含水层底板,如图 6-35 所示。

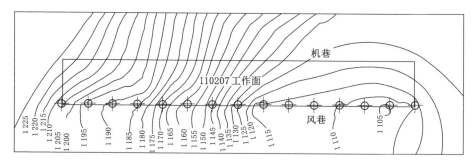

图 6-35 疏放水量为 800 m³/h 时的直罗组下段含水层地下水流场

(4) 4 号疏放水方案

4 号疏放水方案疏放水量设置为 900 m³/h,利用地下水流数值模型对其疏放时间进行预测,根据模型预测结果,疏放水时间长达 150 天时,地下水位疏降至含水层底板,如图 6-36 所示。

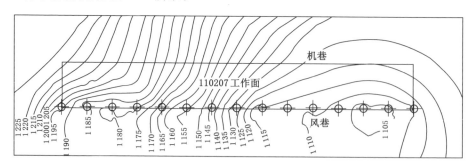

图 6-36 疏放水量为 900 m³/h 时的直罗组下段含水层地下水流场

（5）5 号疏放水方案

5 号疏放水方案疏放水量设置为 1 000 m³/h,利用地下水流数值模型对其疏放时间进行预测,根据模型预测结果,疏放水时间长达 110 天时,地下水位疏降至含水层底板,如图 6-37 所示。

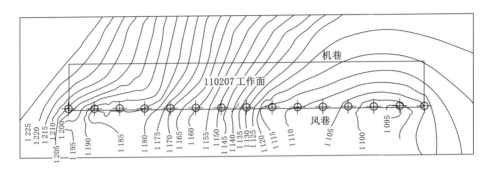

图 6-37　疏放水量为 1 000 m³/h 时的直罗组下段含水层地下水流场

（6）6 号疏放水方案

6 号疏放水方案疏放水量设置为 1 100 m³/h,利用地下水流数值模型对其疏放时间进行预测,根据模型预测结果,疏放水时间长达 80 天时,地下水位疏降至含水层底板,如图 6-38 所示。

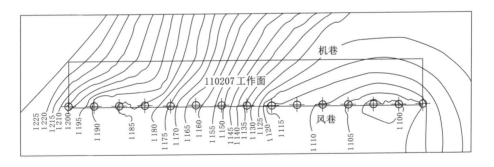

图 6-38　疏放水量为 1 100 m³/h 时的直罗组下段含水层地下水流场

6.5.2　掘进巷道顶板含水层疏放水可行性

根据上节分析结果,掘进巷道顶板含水层疏放水在不同疏放水量条件下所需时间不同,各方案疏放水量、疏放时间与效果见表 6-6 和图 6-39。

表 6-6　掘进巷道各疏放水方案疏放水量、时间与效果一览表

方案	1 号	2 号	3 号	4 号	5 号	6 号
疏放水量/(m³/h)	600	700	800	900	1 000	1 100
疏放时间/d	450	280	200	150	110	80
效果	未达到	达到	达到	达到	达到	达到

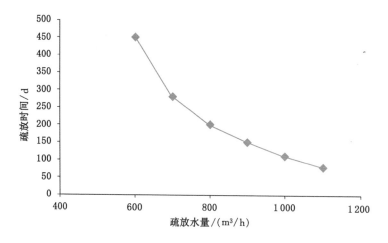

图 6-39　110207 工作面风巷掘进巷道顶板含水层疏放水量与疏放时间相关曲线图

由表 6-6 和图 6-39 可以看出,当 110207 工作面风巷掘进时如果要将顶板直罗组下段含水层水位疏降至含水层底板时,疏放水量≤600 m³/h 的条件下无法实现,只有当疏放水量≥700 m³/h 时才能达到疏放水效果。

当巷道在掘进过程中,配置过大的排水系统将会严重影响到巷道的掘进安全及效率,特别是对于 110207 工作面巷道在掘进过程中如果要将顶板直罗组下段含水层水位疏降至含水层底板,则需要至少 700 m³/h 的排水能力。

综上所述,掘进巷道顶板赋存有巨厚强富水复合含水层时,不宜采用超前疏放水的方法保障巷道的掘进安全,应采取其他的措施避免发生巷道掘进过程中的顶板水害。

第 7 章　强富水弱胶结含水层下掘进巷道溃水溃砂治理

7.1　溃水溃砂概况

7.1.1　溃水溃砂过程

麦垛山煤矿 11 采区 2 煤层回风巷掘进期间,自 2014 年 7 月 13 日至 7 月 28 日,迎头出现 4 次溃水溃砂,最大溃水量约 1 000 m^3/h,累计溃砂量约 5 000 m^3/h。

(1) 第一次冒顶涌水量约 37 m^3/h,1 天后稳定至 13 m^3/h,之后采取了以下措施:后巷架棚、喷浆加固;对迎头顶板下沉的 2.5 m 巷道进行架棚支护;对迎头冒顶区采用管棚连锁棚并对漏顶及破碎区再进行注浆充填加固。

(2) 7 月 22 日夜班,后巷架棚段顶板喷浆体潮湿,局部出现滴水,之后迎头 7 m 处出现溃水溃砂约 80 m^3/h;8:00 左右,迎头退后 25 m 处淋水增大,喷浆层脱落。

(3) 7 月 23 日 9:40,距迎头 25 m 处,顶板又出现直径 1 m 左右的孔洞,涌水量不稳定,瞬间涌水量达到 300 m^3/h 左右。

(4) 7 月 28 日 4:00,出现第四次冒顶,直径 2～3 m,涌水量约 1 000 m^3/h,持续 1 h,之后水量基本稳定在 400 m^3/h 左右。

通过对 4 次冒顶溃水的特征分析,并与集团领导、生产技术部、麦垛山煤矿技术人员讨论后决定:

① 矿方加强排水、严密观测水量。

② 加强井下安全管理,防止次生事故的发生。

③ 为了防止泥沙对导水裂隙的充填使漏顶区域含水层水位升高可能导致的更大溃水,由中煤科工西安研究院(集团)有限公司指导环安公司编制设计,即在 11 采区 2 煤层带式输送机巷相对较高的位置布设钻场(5 个定向钻孔),对 11 采区 2 煤层回风巷漏顶区域及上部含水层水进行钻孔可控疏放,以防止含水层

降落漏斗的恢复和尽可能减小从漏顶区域的出水量。

7.1.2 溃水溃砂原因分析

截至 2014 年 8 月 8 日,地面水文观测孔中有 5 个孔(直罗组观测段)水位有不同程度的下降:Z2 下降了 4 m、Z10 下降了 7 m、Z8 下降了 16 m,离本次巷道突水位置平面距离分别为 600 m 和 750 m 的 Z5、Z6 分别下降了 19 m 和 42 m,如图 7-1 所示。

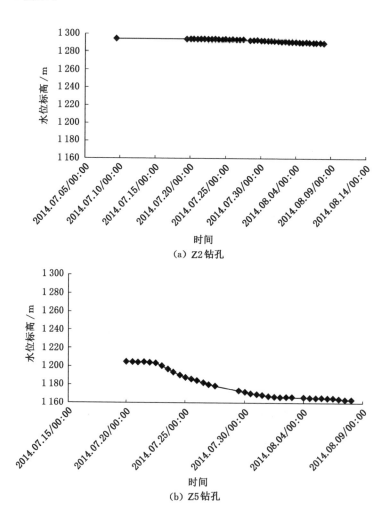

图 7-1　Z2、Z5、Z6、Z8、Z10 钻孔水位标高历时曲线图

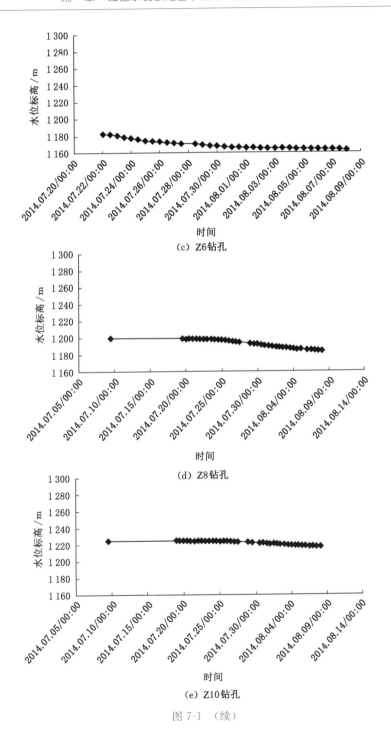

（c）Z6 钻孔

（d）Z8 钻孔

（e）Z10 钻孔

图 7-1　（续）

7.2 溃水溃砂治理方案

2 煤层回风巷溃水溃砂治理工程总体思路及方案如下:

(1)带式输送机巷清淤至距离 3 号联络巷 30 m 的位置设置钻场,运用近水平高压射流扰动注浆技术,在 3 号联络巷施工 1 号封堵体并检查其可靠性。

(2)彻底清淤带式输送机巷后,在带式输送机距离 3 号联络巷 48 m 的位置钻场垂直向回风大巷施工注浆钻孔 3 个,注入水泥-水玻璃双液浆,加固回风大巷长约 6 m 范围的顶板。

(3)在回风大巷和半煤岩巷外淤积处构筑临时挡水墙,使目前的 400 m³/h 涌水从已施工的泄水孔流出。如果卸压孔不出水或出水效果不好,即在带式输送机巷施工泄水孔。

(4)在带式输送机巷迎头约 260 m 的位置钻场垂直向回风大巷施工注浆钻孔,运用近水平高压射流扰动注浆技术,在回风大巷施工 2 号封堵体并检查其可靠性。

建造的封堵体具有梁的作用,主要利用近水平高压射流扰动注浆对地层适应性强的特点,尤其对软弱、松散土等静压注浆效果不良及富水地层能取得良好的加固效果,能够在控制区段形成封堵体,起到防流砂、抗滑移,可避免再次涌砂、冒泥;同时,在高压射流注浆过程中,浆液能沿着地层的缝隙渗透扩散,尤其在涌水量较大的富水地层中,浆液扩散填充缝隙后,保证有效阻断水-砂混合体,提高清理工作的安全度,如图 7-2 所示。

7.3 溃水溃砂远程射流扰动注浆工艺

7.3.1 孔位布置设计

设计桩径在终止面相互搭接不小于 100 mm。喷射注浆中段退杆注浆的搭接长度不得小于 200 mm。循环施工作业,各段之间的近水平高压射流扰动注浆桩搭接段不小于 2 m。

7.3.2 施工工艺参数设计

(1)喷射流的破坏力与射流速度的平方成正比,喷射注浆的压力越大,射流流量及流速就越大。本工程应用高压水泥浆的压力为 20 MPa,气流的压力为 0.7 MPa 左右。

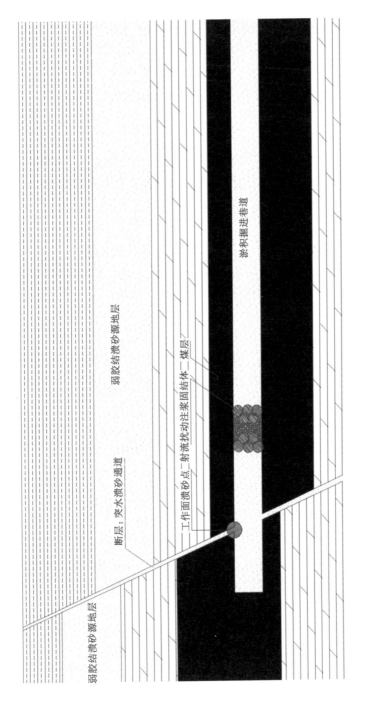

图 7-2　煤矿井下溃水溃砂治理成果预想剖面图

（2）为提高固结体直径或强度，采取重复退杆旋转喷射的方式。采用退杆旋转喷射方式时，退杆速度为 0.05～0.25 m/min，旋转速度取 10～20 r/min。因为巷道以西被泥沙淤死，所以先喷射两次高压水冲出部分泥沙，为扩大加固范围和提高强度，再采用复喷措施。

喷嘴一般宜采用指数收敛的直径为 2～3 mm 的硬质合金喷嘴，个数为 1～2 个。

（3）设备与机具

近水平高压射流扰动注浆施工使用的设备与机具主要有近水平高压射流扰动注浆钻机、高压注浆泵、浆液搅拌机、近水平高压射流扰动注浆钻喷一体钻具、保浆封孔器等。设备配套如图 7-3 所示。

7.4 溃水溃砂固结体钻喷一体化技术及装备

7.4.1 溃水溃砂固结体建造存在的难题

目前普通旋喷基本全是下垂施工，多采用投钢球的方法实现钻进成孔与旋喷施工一次完成（以下简称钻喷一体化施工）。随着技术的不断更新，近水平旋喷作为一项新技术得到了迅速的发展，主要应用于软弱、破碎地层中隧道、巷道的拱顶固结，堵水、堵泥、堵砂等，解决了许多掘进的支护难题。由于原旋喷工艺是在钻进至孔底后利用重力投入钢球阻断钻进供水，使工作状态由钻进成孔状态转换为旋喷状态，因此目前近水平旋喷还无法利用这一方法实现钻喷一体化施工。近水平旋喷需要先进行成孔并采用特殊材料护孔，然后提出钻具、更换旋喷钻具后二次下入孔底进行旋喷，但松散砂体固结性较差，当成孔钻具退出后易造成塌孔，导致无法进行旋喷。

7.4.2 溃水溃砂固结体钻喷一体化工艺及装置

溃水溃砂固结体钻喷一体化钻具由 8 种零部件组成，其中带有硬质合金的三翼成孔钻头采用螺纹连接二位三通式滑阀阀芯，滑阀阀体在旋转方向上采用花键连接滑阀阀芯，轴向采用轴肩进行行程控制。钻头和阀体接合面处外固定的是保护套，防止泥屑进入滑阀行程区域。Y 形聚氨酯高压密封圈固定在滑阀阀芯外周上，位于滑阀阀芯周向侧孔之间。旋喷硬质合金喷头的喷头座采用螺纹连接在滑阀阀体上，旋喷硬质合金喷头采用紧配合压入喷头座，转接头采用螺纹连接滑阀阀体，转接头后接钻杆。

在钻进成孔时，由于受到钻进阻力，组合钻具被轴向压缩成图 7-4（a）所示

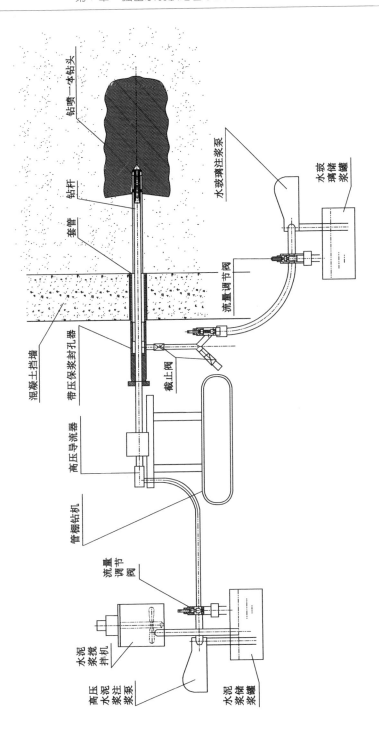

图 7-3　近水平高压射流扰动注浆设备配套图

的状态,这时旋喷硬质合金喷头基本封闭,钻进液由钻杆中心通过阀芯上的侧面后组孔进入阀体的连通腔,再通过阀芯上的侧面前组合孔进入钻头中心孔,达到钻进时排屑、冷却、润滑的目的。当钻进停止后在提拉钻具需要旋喷时,由于钻进阻力解除,受高压阻尼影响,组合钻具被向右轴向推展成图 7-4(b)所示的状态,这时钻杆经过转接头提升阀体,密封圈堵住原来冲洗液下水通道,在压力的作用下旋喷硬质合金喷头打开,旋喷浆液由旋喷喷头高压喷出,实现旋喷成桩的目的。

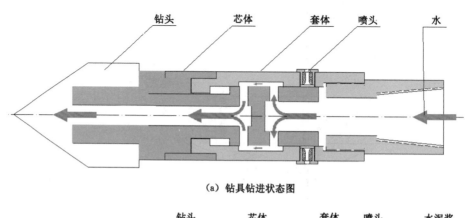

（a）钻具钻进状态图

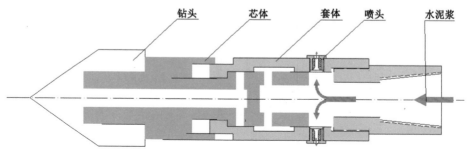

（b）钻具近水平高压射流扰动注浆状态图

图 7-4　钻喷一体钻具示意图

7.5　溃水溃砂固结体注浆孔口控压保浆技术

7.5.1　溃水溃砂固结体注浆存在的难题

在矿山建设及水害防治中,经常遇到需要采用注浆技术解决的问题,包括基岩破碎带加固、裂隙带封堵、第四系松散堆积体、封堵有害气体等。其中,井下溃出松散砂体固结上没有形成成熟的技术,对于井筒过松散及基岩裂隙含水层,常采用冻结法施工,效果好但费用高且工期较长,尤其对于井下溃出松散砂体固结难以实现。采用其他工艺,如地面注浆、工作面静压预注浆、小导管注浆法等,效果不理想。

高压旋喷注浆因其具有射流切割、混合搅拌、土体置换、充填渗透、挤密压实等作用,在松散砂体中属于强扰动注浆,其注浆有效范围可以控制,在岩土工程中已大范围推广。在煤矿工作面承压水条件下松散砂体施工,因其既需要孔口正常返浆,又要保证孔内正常成桩,施工难度非常大。松散砂体一般情况下透水性良好,旋喷过程中如果不采用特殊工艺,钻孔涌水量很大、压力很高,从而导致注入的水泥浆液易被水冲走,从而造成旋喷无法成桩。目前,国内外未见任何关于承压水条件下的旋喷技术研究成果,因此在井下松散砂体中旋喷注浆形成封堵体在国内外未有成功先例。

7.5.2　溃水溃砂固结体保压保浆工艺及装置

(1) 在松散砂体中先实施单孔成孔工艺步骤:为防止成孔过程中大量涌水涌砂,施工前需进行混凝土止浆垫的施工;待止浆垫达到 2～3 天龄期后,钻透止浆垫,安装孔口套管并进行固管;在孔口套管达到钻进施工条件后,安装孔口保压保浆装置及钻喷一体化装置,进行钻进成孔。

(2) 保浆单孔成桩工艺步骤:采用孔口防突装置实施孔口注浆口控制,保压保浆旋喷;旋喷采用双喷嘴,直径 2.5 mm,浆液压力大于 20 MPa,流量大于 120 L/min;钻机提升速度为 20～25 cm/min,钻机旋转速度为 20～25 r/min。

(3) 封孔固浆:旋喷终孔后,采用 CS 双液注浆方式固浆;浆液初凝后退出钻具,单孔保浆旋喷完成。

浆液配比:旋喷注浆采用水灰质量比为 1∶1 的纯水泥浆,再加添加剂。其中,水泥用量为 300 kg/m³,水泥型号为早强型普通硅酸盐水泥 P.O32.5R[①]。

添加剂采用水泥体积 3%～5% 的水玻璃,模数为 2.6～3.0,浓度为 34～38 °Bé[②]。

---

① 水泥标识中的 R 代表的意思是早强型,P.O32.5R 即表示强度等级为 32.5 的早强型普通硅酸盐水泥。普通水泥强度等级已经取消 32.5 和 32.5R。因此,现在在市场上可以买到的 325 水泥只有矿渣硅酸盐水泥、火山灰硅酸盐水泥、粉煤灰硅酸盐水泥、复合硅酸盐水泥。

② 波美度(°Bé)是表示溶液浓度的一种方法。把波美比重计浸入所测溶液中,得到的度数就叫波美度。

孔口带压保浆和孔口保压保浆装置如图 7-5 和图 7-6 所示。

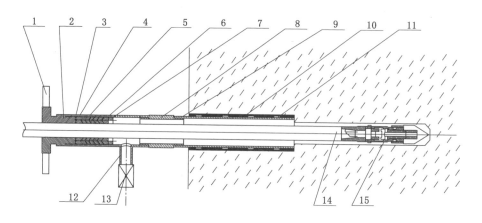

1—推进器手柄；2—螺旋推进器；3—保浆器外套；4—密封压环；5—密封组件；6—密封支撑环；

7—挡环；8—孔口管接头；9—孔口管；10—固管剂；11—防滑肋；12—旁路管；13—阀门；

14—外平钻杆；15—钻喷一体钻。

图 7-5　孔口带压保浆装置示意图

图 7-6　孔口保压保浆装置实物图

7.6　溃水溃砂封堵体建造

7.6.1　1 号封堵体建造

（1）1 号封堵体注浆

1 号封堵体设计规格约为 5 m×5 m，边界距离带式输送机巷 5 m。在距离 3 号联络巷 30 m 处起施工注浆钻孔 14 个，设计钻孔平面图如图 7-7 所示，各钻孔参数见表 7-1。

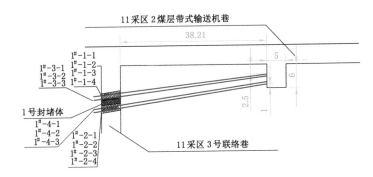

(a) 1 号封堵体钻孔平面设计图

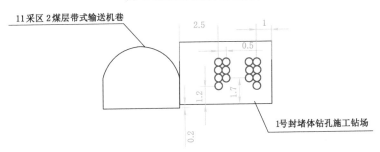

(b) 1 号封堵体钻孔开孔位置剖面设计图

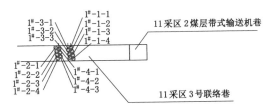

(c) 1 号封堵体钻孔终孔位置剖面设计图

图 7-7　1 号封堵体注浆钻孔设计图

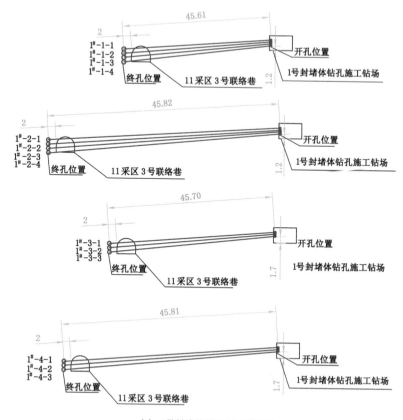

(d) 1号封堵体钻孔剖面设计图

图 7-7 （续）

表 7-1 1号封堵体注浆钻孔设计参数一览表

孔号	开孔标高/m	终孔标高/m	孔深/m	倾角	方位角	止水套管/m
1#-1-1	+1 022.59	+1 019.55	45.61	−3°49′	230°17′	6
1#-1-2	+1 022.09	+1 018.55	45.65	−4°26′	230°17′	6
1#-1-3	+1 021.59	+1 017.55	45.69	−5°04′	230°17′	6
1#-1-4	+1 021.09	+1 016.55	45.74	−5°41′	230°17′	6
1#-2-1	+1 022.59	+1 019.55	45.82	−3°48′	228°25′	6
1#-2-2	+1 022.09	+1 018.55	45.86	−4°25′	228°25′	6
1#-2-3	+1 021.59	+1 017.55	45.90	−5°02′	228°25′	6
1#-2-4	+1 021.09	+1 016.55	45.94	−5°40′	228°25′	6
1#-3-1	+1 022.59	+1 018.92	45.70	−4°36′	229°01′	6

表 7-1(续)

孔号	开孔标高/m	终孔标高/m	孔深/m	倾角	方位角	止水套管/m
1#-3-2	+1 022.09	+1 017.92	45.74	−5°14′	229°01′	6
1#-3-3	+1 021.59	+1 016.92	45.79	−5°51′	229°01′	6
1#-4-1	+1 022.59	+1 019.15	45.81	−4°18′	228°47′	6
1#-4-2	+1 022.09	+1 018.15	45.85	−4°55′	228°47′	6
1#-4-3	+1 021.59	+1 017.15	45.90	−5°33′	228°47′	6
合计			641.00			84

钻探及注浆施工顺序依次为：

第一：1#-1-1~1#-1-4 孔；

第二：1#-2-1~1#-2-4 孔；

第三：1#-3-1、1#-3-2、1#-3-3 孔；

第四：1#-4-1、1#-4-2、1#-4-3 孔。

浆液采用水泥浆，水泥用 P.O42.5R 普通硅酸盐水泥，浆液配比为水：水泥＝1：1(质量比)。

(2) 1 号封堵体检验孔施工

1 号封堵体施工完成后，需要对其可靠性和稳定性进行检验，即向 1 号墙体施工检验钻孔，取芯并压水，兼补充注浆孔。检验钻孔设计的平面图、剖面图如图 7-8 所示，钻孔参数见表 7-2。检验方法为：先施工 1#-J-1 孔，进入封堵体后取芯，终孔后压水，压力不小于 1 MPa，若水量消耗，则注入水泥单液浆，水泥用 P.O42.5R 普通硅酸盐水泥，浆液配比为水：水泥＝1：1(质量比)，注浆压力为 2 MPa，然后依次再施工 1#-J-2、1#-J-3 孔。

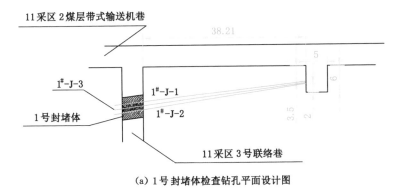

(a) 1 号封堵体检查钻孔平面设计图

图 7-8 1 号封堵体检查钻孔设计图

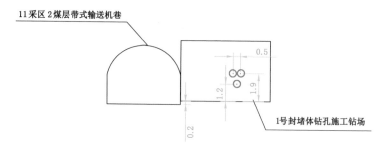

(b) 1号封堵体检查开孔位置剖面设计图

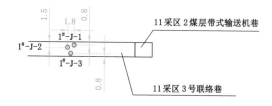

(c) 1号封堵体检查孔终孔位置剖面设计图

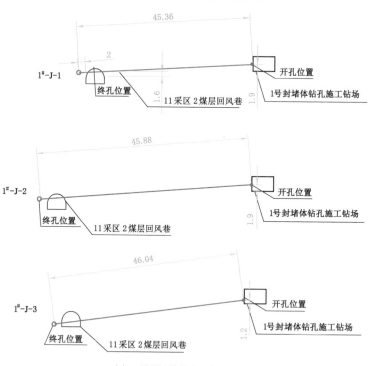

(d) 1号封堵体检查孔剖面设计图

图 7-8 （续）

表 7-2 1 号封堵体检查钻孔参数一览表

孔号	开孔标高/m 终孔标高/m	孔深/m	倾角	方位角	止水套管/m
1#-J-1	+1 021.80 +1 019.20	45.56	−3°16′	230°32′	6
1#-J-2	+1 021.80 +1 017.70	45.88	−5°07′	228°29′	6
1#-J-3	+1 021.10 +1 014.60	46.04	−8°06′	229°29′	6
合计		137.48			18

7.6.2 2 号封堵体建造

（1）2 号封堵体顶板双液浆加固

在 1 号封堵体施工完成后,在带式输送机巷可清淤至 2 号封堵体施工钻场。因目前仍有 400 m³/h 的水量从回风大巷涌出,需在回风巷及半煤岩巷设置临时挡水墙以减缓水流量流速,墙体厚度为 2 m,承压能力为 0.3 MPa,在挡水墙导水管关闭后如原泄水孔涌水导出,便可施工 2 号封堵体上方涌水通道封堵(如泄水孔不能正常卸压,需在带式输送机巷另行施工卸压钻孔)。钻孔设计如图 7-9 所示,钻孔参数见表 7-3。

表 7-3 注双液浆设计钻孔参数一览表

孔号	开孔标高/m 终孔标高/m	孔深/m	倾角	方位角	止水套管/m
1#-S-1	+1 018.66 +1 018.44	42.20	−0°17′	147°	6
1#-S-2	+1 018.66 +1 018.44	42.20	−0°17′	147°	6
1#-S-3	+1 018.66 +1 018.44	42.20	−0°17′	147°	6
合计		126.60			18

2 号封堵体顶板涌水通道采用水泥-水玻璃双液浆(CS)孔口混合注浆方案,共施工注浆孔 3 个,水泥用 P.O42.5R 普通硅酸盐水泥,浆液配比为水：水泥＝1：1(质量比)。水玻璃采用钠基水玻璃,模数为 3,浓度 35 °Bé。C：S＝1：0.5(体积

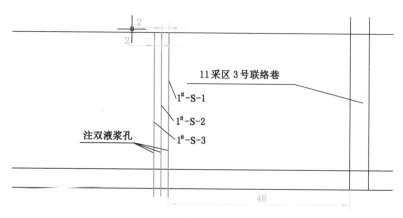

（a）注双液浆钻孔平面设计图

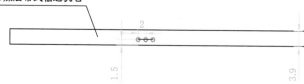

（b）注双液浆钻孔开孔位置剖面设计图

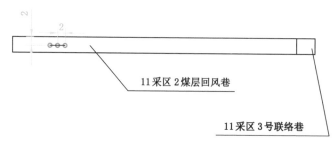

（c）注双液浆钻孔终孔位置剖面设计图

（d）注双液浆钻孔剖面设计图

图 7-9　注双液浆设计钻孔布置图

比）。根据目前情况,预计 3 孔注浆需要注入双液浆约 100 m³。如注浆量过大(单孔超过 40 m³),可采用间歇式注浆方式,注浆终压大于 2 MPa。

（2）2 号封堵体远程射流扰动注浆

2 号封堵体设计规格约为 5 m×5 m,边界距离 3 号联络巷 50 m。在带式输送机巷施工注浆钻孔 14 个,设计钻孔平面图如图 7-10 所示,各钻孔参数见表 7-4。

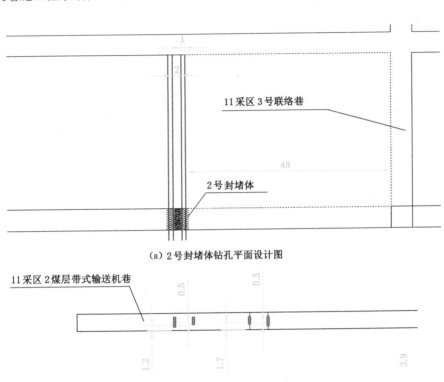

（a）2 号封堵体钻孔平面设计图

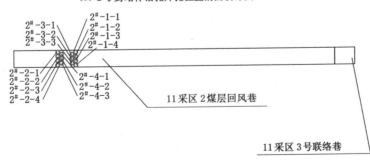

（b）2 号封堵体钻孔开孔位置剖面设计图

（c）2 号封堵体钻孔终孔位置剖面设计图

图 7-10　2 号封堵体注浆钻孔设计图

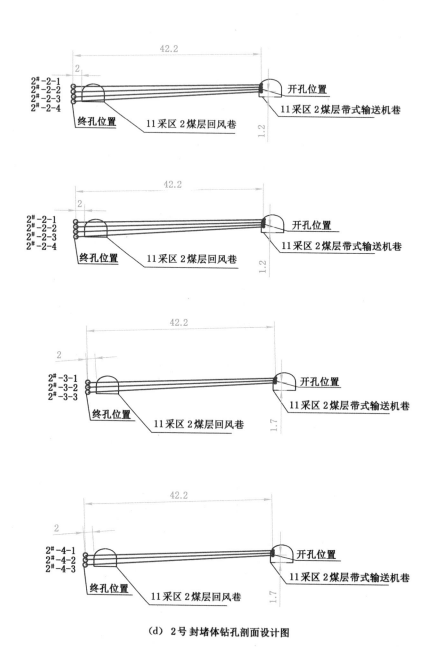

（d）2 号封堵体钻孔剖面设计图

图 7-10 （续）

表 7-4　2 号封堵体注浆钻孔设计参数一览表

孔号	开孔标高/m 终孔标高/m	孔深/m	倾角	方位角	止水套管/m
2#-1-1	+1 019.86 +1 018.95	42.20	$-1°14'$	147°	6
2#-1-2	+1 019.36 +1 017.95	42.20	$-1°55'$	147°	6
2#-1-3	+1 018.86 +1 016.95	42.25	$-2°35'$	147°	6
2#-1-4	+1 018.36 +1 015.95	42.30	$-3°16'$	147°	6
2#-2-1	+1 019.86 +1 018.95	42.20	$-1°14'$	147°	6
2#-2-2	+1 019.36 +1 017.95	42.20	$-1°55'$	147°	6
2#-2-3	+1 018.86 +1 016.95	42.25	$-2°35'$	147°	6
2#-2-4	+1 018.36 +1 015.95	42.30	$-3°16'$	147°	6
2#-3-1	+1 019.86 +1 018.44	42.20	$-1°55'$	147°	6
2#-3-2	+1 019.36 +1 017.44	42.25	$-2°36'$	147°	6
2#-3-3	+1 018.86 +1 016.44	42.30	$-3°17'$	147°	6
2#-4-1	+1 019.86 +1 018.44	42.20	$-1°55'$	147°	6
2#-4-2	+1 019.36 +1 017.44	42.25	$-2°36'$	147°	6
2#-4-3	+1 018.86 +1 016.44	42.30	$-3°17'$	147°	6
合计		591.40			84

钻探及注浆施工顺序依次为：

第一：2#-1-1～2#-1-4 孔；

第二:2#-2-1～2#-2-4孔;

第三:2#-3-1、2#-3-2、2#-3-3孔;

第四:2#-4-1、2#-4-2、2#-4-3孔。

浆液采用水泥浆,水泥用 P.O42.5R 普通硅酸盐水泥,浆液配比为水:水泥＝1:1(质量比)。

(3) 2号封堵体检验孔施工

2号封堵体施工完成后,需要对其可靠性和稳定性进行检验,即向2号墙体施工检验钻孔,取芯并压水,兼补充注浆孔。检验钻孔设计的平面图、剖面图如图7-11所示,钻孔参数见表7-5。检验方法为:先施工2#-J-1孔,进入封堵体后取芯,终孔后压水,压力不小于1 MPa,若水量消耗,则注入水泥单液浆,水泥用 P.O42.5R 普通硅酸盐水泥,浆液配比为水:水泥＝1:1(质量比),注浆压力为2 MPa,依次再施工2#-J-2、2#-J-3孔。

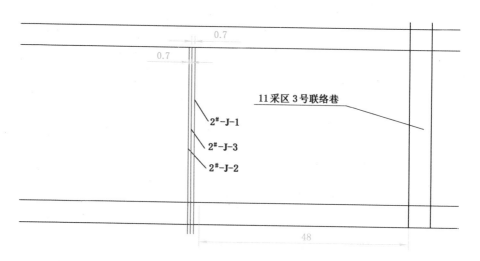

(a) 2号封堵体检查钻孔平面设计图

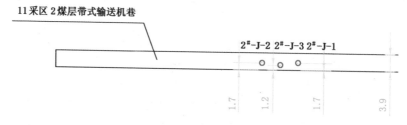

(b) 2号封堵体检查开孔位置剖面设计图

图 7-11   2号封堵体检查钻孔设计图

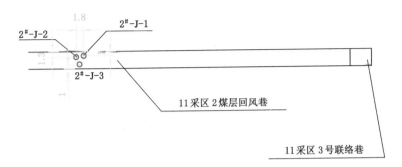

(c) 2 号封堵体检查孔终孔位置剖面设计图

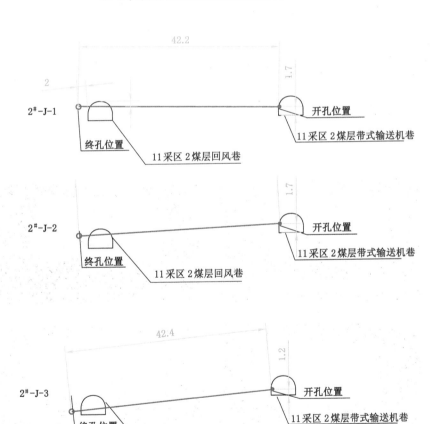

(d) 2 号封堵体检查孔剖面设计图

图 7-11　（续）

表 7-5　2 号封堵体检查钻孔参数一览表

孔号	开孔标高/m 终孔标高/m	孔深/m	倾角	方位角	止水套管/m
2#-J-1	+1 018.86 +1 018.40	42.20	−0°37′	146°30′	6
2#-J-2	+1 018.86 +1 017.10	42.25	−2°23′	147°12′	6
2#-J-3	+1 018.36 +1 014.20	42.40	−5°37′	147°	6
合计		126.85			18

7.7　溃水溃砂固结体效果检验方法

7.7.1　封堵体取芯检验

为了更直观观察 1 号封堵体的情况,按设计要求施工的 4 个检验孔在封堵体形成部位取芯钻进,取芯直径为 75 mm,如图 7-12 所示。

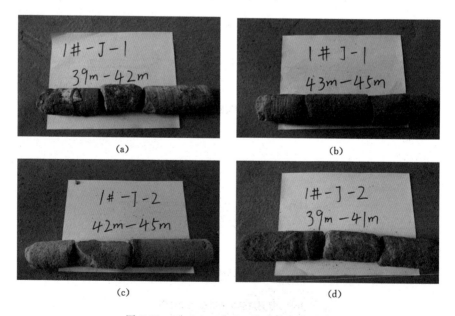

(a)　　　　　　　　　　　　　　　(b)

(c)　　　　　　　　　　　　　　　(d)

图 7-12　1#-J-1～1#-J-4 检验孔取芯照片

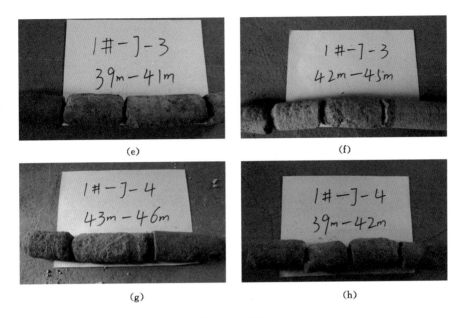

(e)   (f)

(g)   (h)

图 7-12 （续）

所有检验孔取芯效果都较好,从取出的芯体结构看,水泥浆液含量较大,将岩心进行室内岩石物理学测试,要求抗压强度大于 5 MPa,溃水溃砂点的最大静水压力要小于封堵体测试抗压强度的二分之一,封堵体强度则满足要求。封堵体完全可以达到设计要求,可以阻隔回风巷大量泥沙及积水进入带式输送机巷,保障 11 采区 2 煤层带式输送机巷和辅助运输巷清淤安全。

7.7.2 封堵体间压水试验

创建了所建造封堵体隐蔽工程的压水试验检验措施,检查孔取芯后进行压水试验,压力不小于溃水溃砂点的最大静水压力,需持续 0.5 h 无明显水量消耗,则认为钻孔控制范围封堵体建造良好,若消耗则进行补充注浆,注浆终止标准为注浆压力稳定在 3 MPa,如图 7-13 所示。

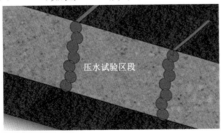

压水试验区段

图 7-13 建造封堵体的质量检验示意图

第8章 强富水弱胶结复合含水层下掘进巷道水害防控

8.1 强富水弱胶结复合含水层掘进巷道水害防控总体思路

11采区2煤层顶板隔水层较薄,且上覆1～2煤层间延安组含水层和直罗组下段含水层。通过前节分析,2煤层大巷和工作面巷道在掘进期间主要受到1～2煤层间延安组含水层的威胁,导水通道包括围岩松动圈、锚杆、锚索、断层与局部发育的裂隙。

综上所述,11采区2煤层巷道掘进期间的防治水总体思路为"先探后掘、先治后掘、疏放优先、注浆保障"。在巷道掘进时要严格按照《煤矿防治水细则》要求,在掘进前要采用长距离定向钻探或常规钻探对巷道掘进前方进行探放水,对巷道顶板1～2煤层间延安组含水层富水异常区及局部发育的构造进行探查,如果前方存在富水异常区、构造或局部淋水较大,则需要采取疏放水联合注浆对出水点进行治理,在治理过程中优先采取疏放水措施,将出水点的水量通过钻孔进行可控疏放,减小出水点水量与含水层中的水压,同时采取注浆对出水点及其附近的裂隙进行封堵和对顶板破碎的岩体进行加固。

8.2 基于长距离定向钻探的掘进巷道顶板含水层富水性探查

8.2.1 长距离定向钻探工程设计

(1)长距离定向钻探层位

根据工作面直接顶板隔水层厚度情况,1902～1802勘探孔区域2煤层直接顶隔水层厚度为4.68～10.12 m,定向钻孔垂距控制在2煤层顶板以上15 m层位钻进;1802～1602勘探孔区域2煤层直接顶隔水层厚度为0.50～4.68 m,定向钻孔垂距控制在 2 煤层顶板以上 10 m 层位钻进。

（2）长距离定向钻孔仰角

根据定向钻孔垂距及目标区域预想的煤岩层起伏情况，钻孔仰角设计19°～25°之间，施工过程中可根据巷道掘进实际揭露煤层情况适当调整。

（3）钻孔方位角

钻孔布置在掘进巷道顶部，方位角均沿巷道掘进方位 327°布置，钻孔开孔段与巷道存在 4°～15.6°夹角。

（4）长距离定向钻孔长度

本项目长距离掩护式定向钻孔探放水设计钻孔长度447～500 m。

（5）钻具组合

① 开孔：ϕ94 mm 钻头＋ϕ73 mm 钻杆＋ϕ73 mm 水尾。

② 扩孔：ϕ165 mm 钻头＋ϕ73 mm 通缆钻杆＋ϕ73 mm 水尾。

③ 钻进：ϕ96 mm 钻头＋ϕ76 mm 螺杆马达＋ϕ76 mm 无磁钻杆＋ϕ76 mm 测量短节＋ϕ76 mm 上无磁钻杆＋ϕ73 mm 通缆钻杆＋ϕ73 mm 水尾。

（6）钻孔结构

本次定向钻孔设计均采用 ϕ94 mm 钻头进行开孔，采用 ϕ165 mm 扩孔钻头扩孔，扩孔后下设 ϕ127 mm、壁厚 6 mm 的孔口管固孔，以 ϕ96 mm 孔径裸孔钻进至终孔位置，钻孔结构如图 8-1 所示。

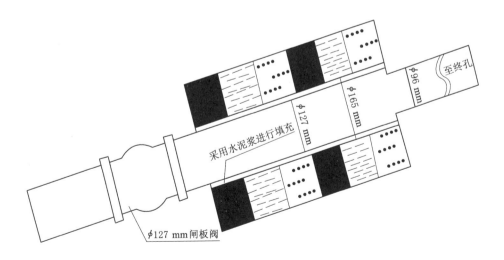

图 8-1　钻孔结构图

（7）钻场布置

为了有针对性地制定巷道掘进期间的防治水措施,需要探查 110207 工作面巷道顶板Ⅲ含水层的富水异常区及局部裂隙发育程度,本次采用长距离定向钻探技术对掘进头前方顶板Ⅲ含水层水文地质条件进行探查。长距离定向钻孔开孔位置位于 11 采区 2 煤层辅助运输巷,初步设计 2 个钻孔,分别为 FY1-1 和 FY1-2,平面上沿 110207 工作面机巷和辅运巷掘进方向施工(图 8-2),垂向上位于Ⅲ含水层(图 8-3)。

8.2.2　长距离定向钻探工程施工

（1）FY1-1 钻孔

① 该孔采用 $\phi96$ mm 钻头开孔 33 m,$\phi165$ mm 扩孔钻头扩孔 33 m,下入 $\phi127$ mm 头封孔管 33 m 注浆固孔,固孔凝固时间 24 h 后进行打压,压力为 4 MPa。0～1 m 为砂岩,1～8 m 为煤,8～18 m 为砂岩,18～28.5 m 为煤,28.5～33 m 为砂岩。

② 36～56.3 m 为泥岩,钻遇岩层较破碎,塌孔严重,返渣多,钻进困难。

③ 钻孔施工至 62 m 处初次见水,水量为 3 m^3/h。

④ 钻孔在进入砂岩含水层后,水量逐渐增大,96 m 处水量增至 15 m^3/h,在此处钻孔距离 2 煤层顶板以上 13.6 m;126 m 处水量增至 35 m^3/h,在此处钻孔距离 2 煤层顶板以上 15.7 m;180 m 处水量增至 60 m^3/h,在此处钻孔距离 2 煤层顶板以上 15.1 m;264 m 水量增至 80 m^3/h,在此处钻孔距离 2 煤层顶板以上 13.1 m;327 m 水量增至 90 m^3/h,在此处钻孔距离 2 煤层顶板以上 14.5 m;327 m 以后钻孔水量基本保持在 90 m^3/h,钻孔施工至 501 m 处终孔。提钻后水量为 150 m^3/h,水压为 1.2 MPa。

（2）FY1-2 钻孔

① 该孔采用 $\phi96$ mm 钻头开孔 33 m,$\phi165$ mm 扩孔钻头扩孔 33 m,下入 $\phi127$ mm 头封孔管 33 m 注浆固孔,固孔凝固时间 24 h 后进行打压,压力为 4 MPa。0～2 m 为砂岩,2～9 m 为煤,9～20 m 为砂岩,20～30.5 m 为煤,30.5～33 m 为砂岩。

② 39.5～50.2 m 为泥岩,整泵、塌孔严重,钻进施工困难,返渣多。

③ 钻孔施工至 45 m 处初次见水,水量为 3 m^3/h。

④ 钻孔在进入砂岩含水层后,水量逐渐增大,75 m 处水量增至 15 m^3/h,在此处钻孔距离 2 煤层顶板以上 13.4 m;102 m 处水量增至 30 m^3/h,在此处钻孔距离 2 煤层顶板以上 16.5 m;186 m 处水量增至 40 m^3/h,在此处钻孔距离 2 煤

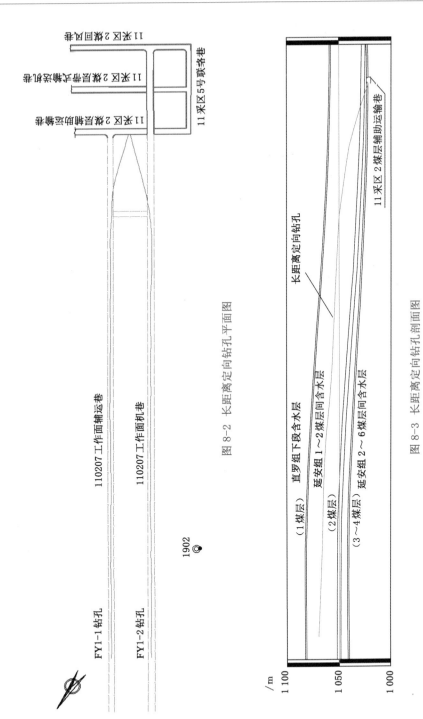

图 8-2 长距离定向钻孔平面图

图 8-3 长距离定向钻孔剖面图

层顶板以上 15 m;198 m 处水量增至 50 m³/h,在此处钻孔距离 2 煤层顶板以上 14.5 m;216 m 处水量增至 60 m³/h,在此处钻孔距离 2 煤层顶板以上 13.9 m;261 m 处水量增至 70 m³/h,在此处钻孔距离 2 煤层顶板以上 14.1 m;318 m 处水量增至 80 m³/h,在此处钻孔距离 2 煤层顶板以上 15 m;363 m 处水量增至 90 m³/h,在此处钻孔距离 2 煤层顶板以上 15.3 m;后续钻孔水量基本保持在 90 m³/h,钻孔施工至 501 m 处终孔。提钻后水量为 160 m³/h,水压为 1.2 MPa。

8.2.3 掘进巷道顶板含水层富水性

(1) 110207 工作面掘进巷道长距离定向钻孔参数

110207 工作面在辅运巷和风巷共施工长距离定向钻孔 13 个,其中辅运巷 7 个、风巷 6 个,开孔倾角 12°～20°,开孔方位角 315.5°～345.5°,各钻孔参数见表 8-1。

表 8-1 掘进巷道顶板长距离定向钻孔参数一览表

位置	钻孔	倾角/(°)	方位角/(°)	孔深/m
辅运巷	FY1-1	19	345.5	501
	FY1-2	19	315.5	501
	FY2-1	18	330.8	501
	FY3-1	18	329.5	501
	FY4-1	17	322	321
	FY5-1	17	336	387
	FY6-1	12	332	393
风巷	F1-1	19	335.5	500
	F2-1	20	319.6	501
	F3-1	19	320	501
	F4-1	16	336	267
	F5-1	14	337.5	357
	F6-1	12	331	360

(2) 长距离定向钻孔不同钻进深度的水量

在长距离定向钻孔施工过程中,对不同钻进深度的水量进行了实时观测,各钻孔不同钻进深度的水量历时变化曲线如图 8-4 所示。

由图 8-4 可以看出,除了 F6-1 钻孔在钻进过程中未有涌水,其他各钻孔在钻进过程中水量基本上随着钻进深度的不断增加而增大,F1-1 钻孔水量最大(100 m³/h),其次是 FY1-1、FY1-2 和 FY5-1 钻孔,其水量分别为 90 m³/h、

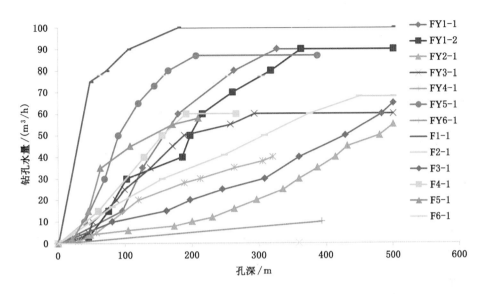

图 8-4　掘进巷道顶板长距离定向钻孔不同钻进深度的水量历时变化曲线图

90 m³/h 和 87 m³/h,其余钻孔水量均未超过 68 m³/h。

图 8-5 是 110207 工作面辅运巷长距离定向钻孔不同钻进深度的水量历时变化曲线图。由图 8-5 可以看出,110207 工作面辅运巷整体富水不均一,FY1-1、FY1-2 和 FY5-1 钻孔附近掘进巷道顶板含水层富水性较强。

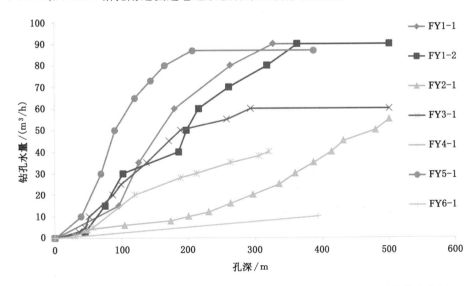

图 8-5　110207 工作面辅运巷长距离定向钻孔不同钻进深度的水量历时变化曲线图

图 8-6 是 110207 工作面辅运巷长距离定向钻孔不同钻进深度的水量历时变化曲线图。由图 8-6 可以看出,110207 工作面风巷整体富水性弱于辅运巷,其 F1-1 钻孔附近掘进巷道顶板含水层富水性较强,其余钻孔水量未超过68 m³/h。

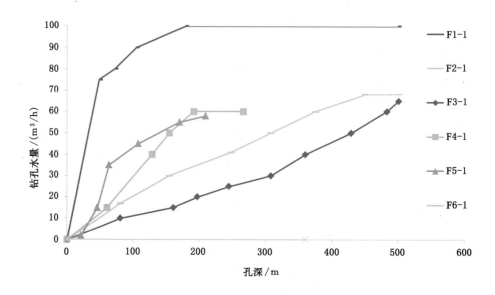

图 8-6　110207 工作面风巷长距离定向钻孔不同钻进深度的水量历时变化曲线图

(3) 基于长距离定向钻孔探查的掘进巷道顶板含水层富水性研究

根据 110207 工作面辅运巷和风巷顶板长距离定向钻孔水量资料,可以计算出各长距离定向钻孔单位长度水量的增加量,进而绘制出 110207 工作面顶板含水层相对富水性分区图(图 8-7),为工作面回采前超前疏放水提供参考依据。

8.3　掘进巷道顶板含水层注浆加固改造

8.3.1　典型顶板出水点概况及治理思路

(1) 出水过程

110207 工作面机巷和辅运巷的 1 号联络巷进行巷道支护(图 8-8),当锚索钻机钻进至 5.1 m 时出现淋水,之后水量逐渐增大约 2 m³/h,顶板出现下沉,下沉量约 50 mm,下沉段长度约 4 m,随后施工单位立即组织在顶板下沉段架设木

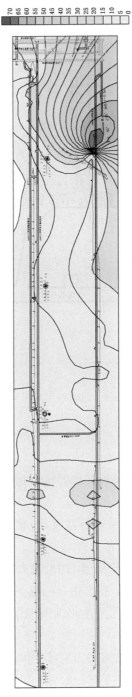

图 8-7　110207 工作面顶板含水层相对富水性分区图

垛,有效地抑制了事故的发生,出水导致了1号联络巷停止掘进。

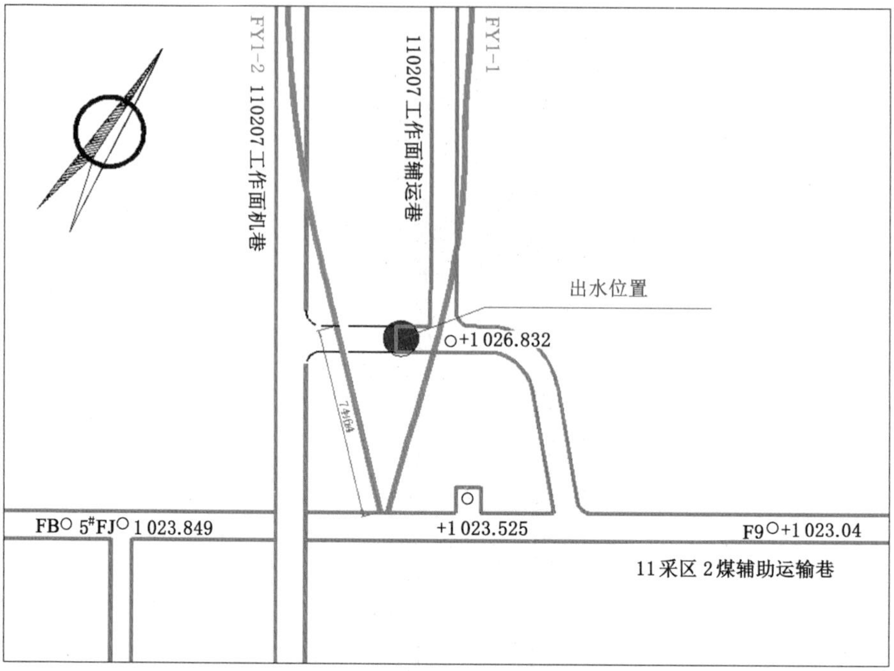

图 8-8　出水点位置

(2) 原因分析

根据水文地质条件分析,主要是由于在巷道顶板发育局部裂隙导通 1~2 煤层间含水层,锚索眼揭露该裂隙,顶板泥岩遇水软化失稳。

(3) 治理思路

① 主要目的是对该段巷道顶板进行注浆,封堵局部导水裂隙,加固顶板破碎带,保障巷道掘进安全。

② 注浆钻孔布置方式为梅花形布置,同时结合环安公司在 11 采区 2 煤层辅运巷施工的 2 个定向钻孔和 7 个泄水钻孔的施工情况分析,注浆钻孔应尽量靠近定向钻孔的塌孔段,对泄水钻孔已经探明的无水区域不布置钻孔或者布置少量钻孔。

③ 目前巷道掘进支护形式以锚网喷为主,使用的锚杆规格为 $\phi20 \times 2\,500$ mm 左旋锚杆,使用的锚索规格为 $\phi20 \times 7\,300$ mm,当巷道掘进过程中锚杆、锚索揭露 1~

2 煤层间延安组含水层时,含水层水通过锚杆、锚索孔进入巷道,软化顶板泥岩,导致顶板下沉、冒落,因此,设计钻孔终孔层位为顶板以上 4～7 m。

④ 钻孔施工时先施工编号为双数的钻孔,再施工编号为单数的钻孔,注浆方式采用上行注浆;后续施工的钻孔既可以对前一阶段注浆情况进行检验,又可以作为补充注浆钻孔,加强前一阶段注浆效果。

⑤ 注浆参数根据现场施工情况及时调整,可注性不大时,减小浆液配比浓度或者使用超细水泥;浆液消耗量过大时,增大浆液浓度或者使用双液浆。

8.3.2　出水点治理概况

第一段试验段于 2017 年 9 月 12 日开始施工,于 2017 年 11 月 3 日检验钻孔施工结束,累计施工 7 个注浆钻孔、4 个检验钻孔,钻探工程量 502.5 m,取芯钻进 60.5 m,注水泥单液浆 105.41 m³,水灰比为 1∶0.8～1∶1.2,注双液浆 1.7 m³,注浆终压为 2 MPa。

8.3.3　出水点治理钻探工程

（1）钻探工程布置

DJ1-1～DJ1-7 钻孔于 2017 年 9 月 12 日开始施工,于 10 月 2 日注浆结束,10 月 15 日—10 月 18 日进行取芯钻进并补充注浆,累计钻探工程量 346.5 m,取芯钻进 21 m,注水泥单液浆 100.25 m³,水灰比为 1∶0.8～1∶1.2,DJ1-1 钻孔注双液浆 1.7 m³,注浆终压为 2 MPa。

钻孔施工严格按照设计技术要求进行,施工过程详细记录岩性、出水点位置、塌孔夹钻位置、钻孔见水情况及终孔涌水量,见表 8-2。

表 8-2　DJ1-1～DJ1-7 钻孔施工情况

钻孔	倾角 /(°)	方位角 /(°)	孔深 /m	终孔涌水量 /(m³/h)	注浆量 /m³	备注
DJ1-1	21	283	58.5	淋水	4.7	注浆钻孔
DJ1-2	19	287	50	淋水	1.05	注浆钻孔
DJ1-3	24	294	50	7.2	10	注浆钻孔
DJ1-4	21	300	50	淋水	1	注浆钻孔
DJ1-5	24	304	50	3	21.3	注浆钻孔
DJ1-6	20	310	48	淋水	1.3	注浆钻孔
DJ1-7	24	314	40	120	60.9	注浆钻孔
合计			346.5		100.25	

钻孔参数设计参考采掘平面图巷道位置、已掘巷道淋水情况及2002地质钻孔资料（表8-3，图8-9～图8-12）确定，在施工过程中后期施工的钻孔需根据前期施工钻孔情况及时调整，确保钻孔终孔位置为设计目的层。

表8-3　2002钻孔附近2煤层顶板覆岩厚度统计表

钻孔	2002
2煤层厚度/m	2.46
2煤层至1～2煤层间延安组含水层底板距离/m	10.12
2煤层顶板至1～2煤层间延安组含水层距离/m	19.29
2煤层至1～2煤层间延安组含水层顶板距离/m	29.41

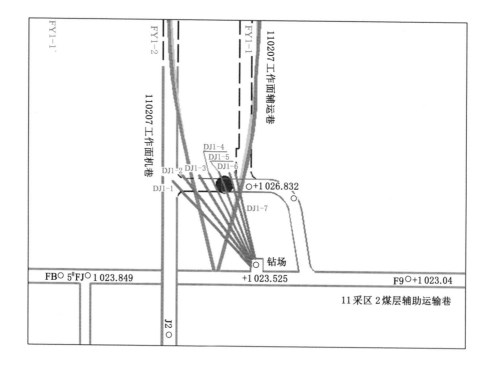

图8-9　钻孔布置平面图

（2）钻孔结构

结合麦垛山煤矿探放水钻孔施工经验及本次工程特点，钻孔开孔孔径为133 mm，安装 ϕ108 mm×8 mm孔口管6 m，使用水泥浆液进行固管，裸孔孔径

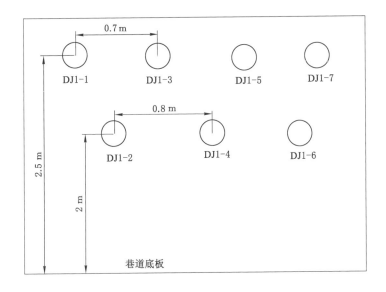

图 8-10　钻孔开孔断面图

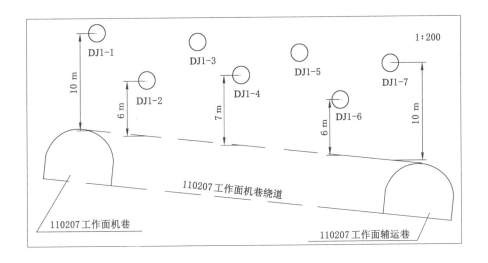

图 8-11　钻孔终孔位置断面图

为 85 mm,钻进过程中孔口安装耐压 2.5 MPa 的蝶阀,可有效控制钻孔涌水,如图 8-13 所示。

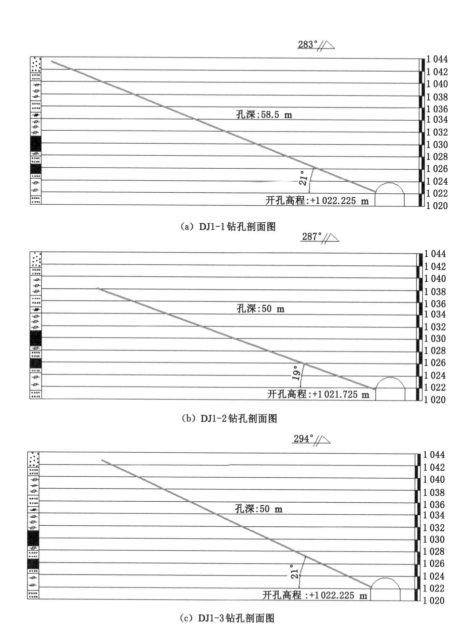

(a) DJ1-1钻孔剖面图

(b) DJ1-2钻孔剖面图

(c) DJ1-3钻孔剖面图

图 8-12　钻孔剖面示意图

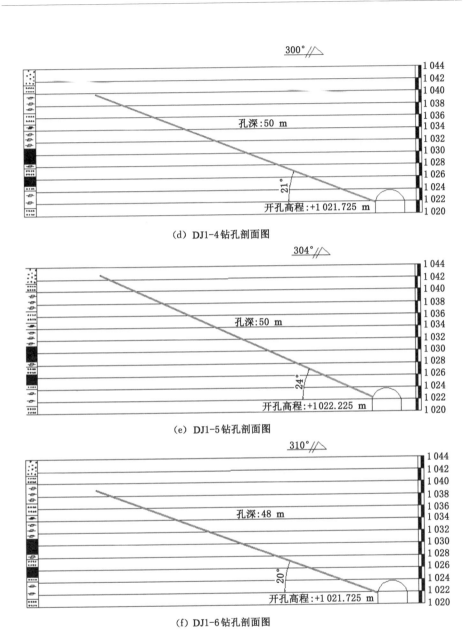

（d）DJ1-4 钻孔剖面图

（e）DJ1-5 钻孔剖面图

（f）DJ1-6 钻孔剖面图

图 8-12　（续）

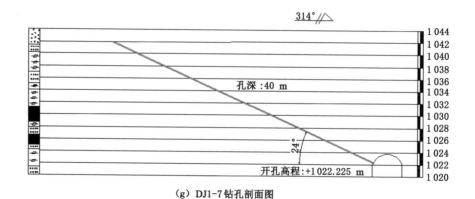

(g) DJ1-7钻孔剖面图

图 8-12 （续）

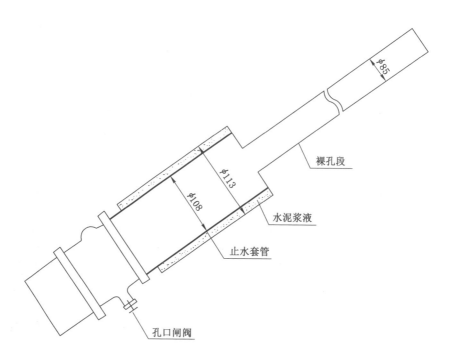

图 8-13 钻孔结构图

8.3.4 出水点注浆方案

（1）注浆材料选择

选用 P.O42.5R 普通硅酸盐水泥作为主要注浆材料,注双液浆时,选用水玻璃的模数为 2.4～2.8,浓度为 30～45 °Bé。

（2）浆液配比选择

施工阶段单液浆水灰比选择范围为 1∶0.8～1∶1.2,终孔涌水量较大的钻孔初期注浆水灰比为 1∶1.2,当注浆压力升高至 1.5 MPa 以后,浆液水灰比逐渐降低至 1∶0.8;其他终孔涌水量较小的钻孔注浆水灰比为 1∶0.8～1∶1。钻孔注双液浆时水灰比为 1∶0.8,加入 5% 水玻璃。

（3）注浆压力选择

根据方案设计中注浆压力计算,注浆终压为 3 MPa。

（4）注浆方案选择

① 钻进过程中出现塌孔现象或者钻孔涌水量大于 10 m³/h 且小于 30 m³/h 时,可以选择直接在孔口安装注浆装置进行注浆,如图 8-14 所示。

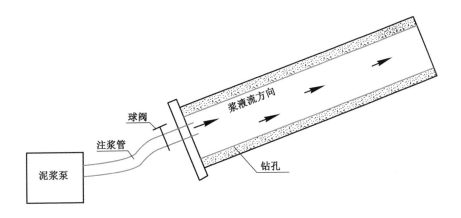

图 8-14　钻孔塌孔或涌水量小于 30 m³/h 时注浆方案示意图

② 钻孔涌水量大于 30 m³/h 且小于 50 m³/h 时,需安装导水管将孔内涌水通过导水管导出孔外,利于浆液进入孔底,达到完全封堵的目的,如图 8-15 所示。

③ 钻孔涌水量大于 50 m³/h 时,除了要安装导水管外,还需要安装注浆管至孔底,将浆液从孔底返出,导水管长度大于注浆管,如图 8-16 所示。

（5）注浆结束标准

① 注浆压力呈规律性增加,并达到 2 MPa。

② 达到注浆终压时最小吸浆量:单液浆 40～60 L/min,双液浆 60～120 L/min。

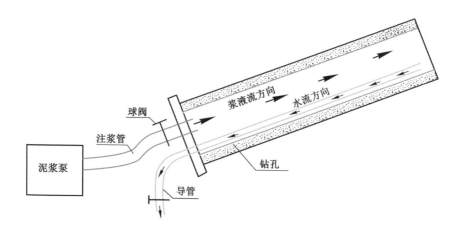

图 8-15 钻孔涌水量大于 30 m³/h 且小于 50 m³/h 时注浆方案示意图

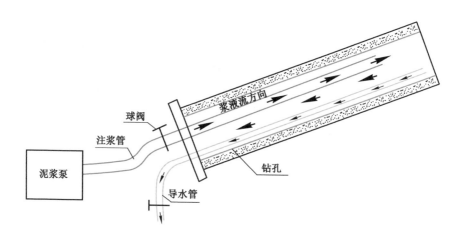

图 8-16 钻孔涌水量大于 50 m³/h 时注浆方案示意图

③ 维持注浆终压和最小吸浆量的时间为 10～15 min。

8.3.5 出水点注浆情况

（1）DJ1-1～DJ1-7 钻孔注浆情况

7 个钻孔累计注单液浆 100.25 m³，其中固管 5.7 m³，顶板加固 94.55 m³，注浆量最大的为 DJ1-7 钻孔，DJ1-5 钻孔次之，DJ1-3 钻孔注浆 10 m³，其他钻孔注浆量均较小。

本次注浆施工每个钻孔注浆非一次性完成,需要重复扫孔注浆,DJ1-7 钻孔注浆时未安装导水管和导气管,采用孔口压浆的注浆方式。

2017 年 9 月 22 日,DJ1-7 钻孔注浆过程中,当注浆压力升至 2.4 MPa 时,安检人员发现 110207 工作面辅运巷巷口来压,顶板及巷帮出现浆皮开裂、掉渣现象,现场施工人员及时停止注浆,有效地抑制了顶板恶化,经技术人员现场确认并报项目经理批准,注浆终压调整至 2 MPa。

DJ1-1 和 DJ1-3 钻孔前期注浆过程中均与 FY1-2 钻孔串孔,为了不影响FY1-2 钻孔疏水卸压,两个钻孔采用间歇式重复注浆,由于 DJ1-3 钻孔距离FY1-2 钻孔较远,间歇式注浆效果较明显,通过 6 次重复扫孔达到注浆结束标准;DJ1-1 钻孔通过间歇式注浆和注双液浆双重作用,使得注浆效果得到明显改善,最终达到注浆结束标准。DJ1-7 钻孔钻进至 28.5 m 时钻孔涌水量120 m³/h,注浆量较大且与 DJ1-5 钻孔注浆过程中发生串孔,经过一次大流量注浆后,扫孔至终孔位置钻孔仍有涌水,受注浆压力限制,为了保证注浆效果进行重复扫孔注浆。DJ1-1～DJ1-7 钻孔扫孔及注浆情况见表 8-4。

表 8-4　DJ1-1～DJ1-7 钻孔注浆量统计表

钻孔	固管注浆量/m³	顶板加固注浆量/m³		备注
		第一次加固注浆量/m³	重复扫孔注浆量/m³	
DJ1-1	0.8	0.6	3.3	注双液浆 1.7 m³
DJ1-2	0.6	0.45	—	
DJ1-3	0.7	0.6	8.7	
DJ1-4	0.5	0.5		
DJ1-5	1.1	2.5	17.7	
DJ1-6	0.8	0.5	—	
DJ1-7	1.2	45.6	14.1	
合计	5.7	50.75	43.8	

(2) DJ1-3、DJ1-7 钻孔取芯

DJ1-3、DJ1-7 钻孔经过前期多次扫孔注浆已经达到注浆结束标准,但是未取芯验证。2017 年 10 月 15 日—10 月 18 日,对 2 个钻孔再次扫孔,并对巷道顶板段取芯钻进(图 8-17),最终补充注浆封孔。取芯记录情况见表 8-5。

（a）DJ1-3 钻孔

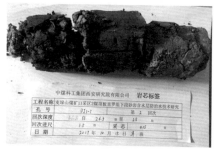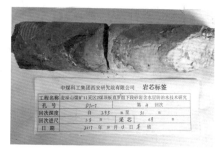

（b）DJ1-7 钻孔

图 8-17　DJ1-3、DJ1-7 钻孔部分取芯照片

表 8-5　DJ1-3、DJ1-7 钻孔取芯情况记录表

钻孔	取芯时间	取芯段		取芯长度	取芯率
		自/m	至/m	/m	/%
DJ1-3	2017.10.18 中班	32	33.5	1.5	100
		33.5	35	1.5	100
		35	36.5	1.5	100
		36.5	38	1.5	100

表 8-5(续)

钻孔	取芯时间	取芯段		取芯长度 /m	取芯率 /%
		自/m	至/m		
DJ1-7	2017.10.15 早班	25	26.5	0.3	20
		26.5	28	0.15	10
		28	29.5	0.1	6.5
		29.5	31	0.9	60
		31	32.5	1.3	86.7
	2017.10.17 早班	32.5	34	1.5	100
		34	35.5	1	66.7
		35.5	37	0.6	40
		37	38.5	0.5	33.3
		38.5	40	0.5	33.3

(3) DJ1-1～DJ1-7 钻孔注浆小结

① DJ1-1～DJ1-7 钻孔施工钻探工程量 346.5 m,注水泥单液浆 100.25 m³,注水泥-水玻璃双液浆 1.7 m³,水灰比为 1∶0.8～1∶1.2,注浆终压为 2 MPa。

② DJ1-7 钻孔终孔涌水量和注浆量均较大,该钻孔揭露了影响 1 号联络巷安全掘进的导水裂隙,单个钻孔注浆量达到第一试验段注浆总量的 57.78%。

③ DJ1-1、DJ1-3、DJ1-5、DJ1-7 钻孔在反复扫孔过程中钻孔涌水量逐渐减小,说明注浆工程对局部发育裂隙可以实现有效封堵,但是封堵过程是一个反复的过程。

④ DJ1-3、DJ1-7 钻孔在巷道顶板段取芯率较高,平均取芯率达到 60%,顶板注浆封堵裂隙效果明显。

DJ1-5、DJ1-7 钻孔注浆过程中当注浆压力达到 2.4 MPa 时,110207 工作面巷口及顶板出现浆皮开裂、掉渣等顶板来压现象,为了防止发生顶板事故,将注浆终压调整为 2 MPa,为了进一步加强注浆效果,应在 DJ1-5、DJ1-7 钻孔周围增加注浆钻孔。

(4) DJ1-8、DJ1-9 钻孔注浆

由于注浆过程中受客观条件限制,降低了注浆终压,为了加强注浆效果,需要加密注浆钻孔。根据前期施工情况分析,DJ1-7 钻孔附近巷道顶板情况最为复杂,1 号联络巷未开挖巷道位于 DJ1-7 钻孔左侧,选择在 DJ1-7 钻孔左侧增加

DJ1-8、DJ1-9 钻孔注浆,如图 8-18、图 8-19 所示。

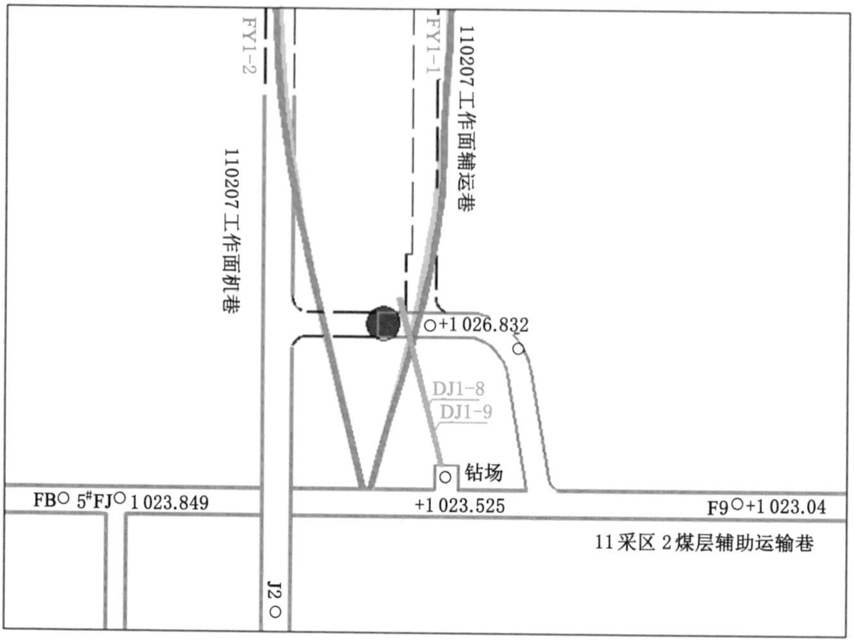

图 8-18　DJ1-8、DJ1-9 钻孔施工平面图

　　DJ1-8、DJ1-9 钻孔终孔位置距离巷道顶板分别为 8.6 m、14 m,于 2017 年 9 月 27 日开始施工,于 10 月 1 日注浆结束,10 月 19 日再次取芯钻进并补充注浆,累计钻探工程量 78 m,取芯钻进 12.5 m,注水泥单液浆 1.6 m³,水灰比为 1∶0.8~1∶1,注浆终压为 2 MPa,钻孔施工参数见表 8-6。

表 8-6　钻孔施工参数表

钻孔编号	倾角 /(°)	方位角 /(°)	孔深 /m	终孔涌水量 /(m³/h)	注浆量 /m³	备注
DJ1-8	20	308	38	淋水	0.6	注浆量为第一次注浆和后期扫孔注浆之和
DJ1-9	30	310	40	1	0.5	

　　DJ1-8 和 DJ1-9 钻孔终孔后涌水量均较小,终孔后即进行注浆封孔,注浆量

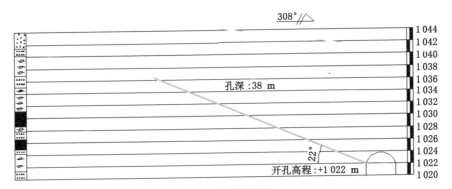

(a) DJ1-8 钻孔剖面图

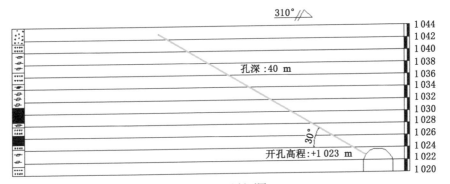

(b) DJ1-9 钻孔剖面图

图 8-19　DJ1-8、DJ1-9 钻孔施工剖面图

分别为 0.6 m³、0.5 m³，水灰比为 1∶1，注浆终压为 2 MPa。

（5）DJ1-8、DJ1-9 钻孔取芯与补充注浆

① DJ1-8 钻孔第一次取芯情况（表 8-7、图 8-20）

表 8-7　DJ1-8 钻孔第一次取芯情况记录表

钻孔编号	取芯时间	取芯段		取芯长度	取芯率	备注
		自/m	至/m	/m	/%	
DJ1-8	2017.09.28 中班	25.5	27	1.4	93.3	
		27	28.5	—		取芯率极低
		28.5	30	—		

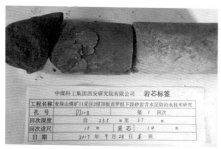

图 8-20　DJ1-8 钻孔第一次取芯部分照片

由于 DJ1-7 钻孔注浆量较大,为了检验 DJ1-7 钻孔浆液扩散范围及凝固情况,DJ1-8 钻孔钻进至巷道顶板时进行取芯钻进,设计取芯段为 25.5～38 m,取芯过程中 25.5～27 m 取芯率较高,岩性以砂岩为主;27～30 m 取芯率极低,以软化的泥岩和未凝固的水泥浆液为主,即停止取芯,注浆封孔。

② DJ1-8 钻孔第二次取芯情况(表 8-8、图 8-21)

表 8-8　DJ1-8 钻孔第二次取芯情况记录表

钻孔编号	取芯时间	取芯段		取芯长度 /m	取芯率 /%	备注
		自/m	至/m			
DJ1-8	2017.10.19 中班	30	31.5	—		取芯率极低
		31.5	33	0.6	40	
		34	35.5	0.8	53.3	
		35.5	37	1.3	86.7	
		37	38	1.45	96.7	

DJ1-8 钻孔第一次取芯时水泥浆液未完全凝固,说明浆液在复杂地层中凝固时间大于 24 h,待浆液凝固 20 天后再次进行扫孔取芯,检验浆液凝固情况,根据本次取得岩心判断浆液已完全凝固且取芯率较高,注浆加固顶板效果明显。

③ DJ1-8 钻孔补充注浆情况

DJ1-8 钻孔第二次取芯之后补充注浆 0.5 m³,水灰比为 1:1,注浆终压为 2 MPa,达到注浆结束标准,见表 8-9。

图 8-21　DJ1-8 钻孔第二次取芯部分照片

表 8-9　DJ1-8 钻孔扫孔记录表

钻孔编号	扫孔情况				注浆量/m³	注浆压力/MPa	备注
	扫孔序次	扫孔日期	扫孔长度/m	钻孔涌水量/(m³/h)			
DJ1-8	1	2017.10.19	38	淋水	0.5	2	注浆过程中与 DJ1-7 钻孔串孔

（6）DJ1-8、DJ1-9 钻孔注浆小结

① DJ1-8、DJ1-9 钻孔累计钻探工程量 78 m，注水泥单液浆 1.6 m³，水灰比为 1∶0.8～1∶1，注浆终压为 2 MPa；DJ1-8 钻孔扫孔一次，取芯钻进 12.5 m。

② DJ1-8 钻孔钻进过程中 27～38 m 钻孔塌孔严重，出现夹钻、抱钻现象，钻进效率低，取芯率极低；DJ1-9 钻孔钻进过程中钻进冲洗液消耗正常，未出现夹钻、抱钻、塌孔现象。

③ DJ1-8、DJ1-9 钻孔终孔位置分别为顶板以上 8.6 m、14 m，虽然 DJ1-8 钻孔终孔涌水量较小，但是在钻进过程中出现塌孔、堵孔现象，且 DJ1-8 钻孔钻进过程中冲洗液含有水泥浆液，说明 DJ1-7 钻孔揭露的裂隙也波及 DJ1-8 钻孔控

制区域;DJ1-9 钻孔终孔层位为 1～2 煤层间延安组含水层,终孔涌水量较小,该区域 1～2 煤层间延安组含水层富水性较弱。

④ DJ1-8 钻孔两次取芯情况截然不同,说明水泥浆液在复杂地层中的终凝时间远大于 24 h,在施工过程中应适当延长水泥浆液凝固时间,待浆液完全凝固后再进行扫孔取芯验证;距离较近的两个钻孔施工时应采用间隔施工的方式,避免串孔漏浆,浪费浆液。

(7) DJ1-10、DJ1-11 钻孔注浆

为了进一步验证第一段试验段施工效果,DJ1-1～DJ1-9 钻孔补充注浆结束候凝 8 天后施工 DJ1-10、DJ1-11 钻孔,于 2017 年 10 月 30 日开始施工,于 11 月 2 日施工结束,累计钻探工程量 78 m,取芯钻进 27 m,注水泥单液浆 1.56 m³,水灰比为 1∶0.8～1∶1,注浆终压为 2 MPa,如图 8-22、图 8-23 所示。钻孔施工参数见表 8-10。

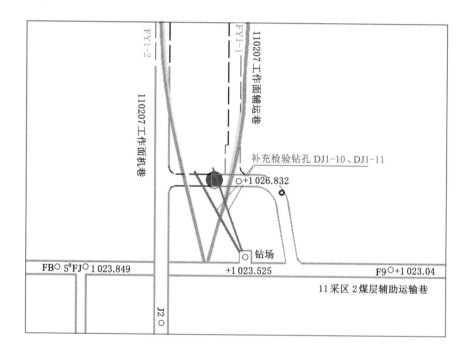

图 8-22　DJ1-10、DJ1-11 钻孔施工平面图

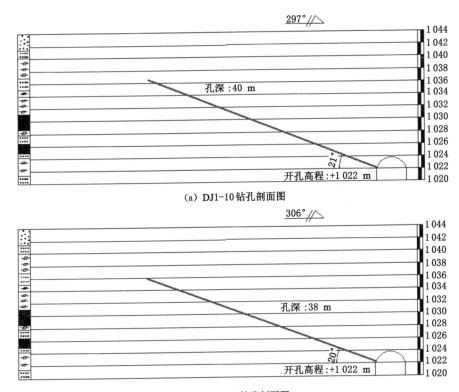

(a) DJ1-10 钻孔剖面图

(b) DJ1-11 钻孔剖面图

图 8-23　DJ1-10、DJ1-11 钻孔施工剖面图

表 8-10　DJ1-10、DJ1-11 钻孔施工参数表

钻孔编号	倾角 /(°)	方位角 /(°)	孔深 /m	终孔涌水量 /(m³/h)	注浆量 /m³	备注
DJ1-10	21	297	40	0	0.78	补充注浆及检验钻孔
DJ1-11	20	306	38	0	0.78	补充注浆及检验钻孔
合计			78			

(8) DJ1-10、DJ1-11 钻孔取芯

DJ1-10、DJ1-11 钻孔,除了泥岩段以外钻孔取芯率较高、岩心较完整,如图 8-24、图 8-25 所示。钻孔取芯情况见表 8-11。

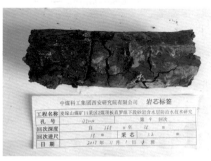

图 8-24　DJ1-10 钻孔取芯部分照片

图 8-25　DJ1-11 钻孔取芯部分照片

表 8-11　DJ1-10、DJ1-11 钻孔取芯情况表

钻孔编号	取芯时间	取芯段		取芯长度/m	取芯率/%
		自/m	至/m		
DJ1-10	2017.10.31 中班	26	27.5	0.4	26.7
		27.5	29	0.4	26.7
		29	30.5	0.4	26.7
		30.5	32	1.2	80
		32	33.5	1.3	86.7
		33.5	35	0.9	60
	2017.11.01 中班	35	36.5	1.4	93.3
		36.5	38	1.2	80
		38	39.5	1	66.7
		39.5	40	0.3	20
DJ1-11	2017.11.01 中班	25	26.5	1	66.7
		26.5	28	0.9	60
		28	29.5	1.2	80
		29.5	31	1.4	93.3
	2017.11.02 中班	31	32.5	0.8	53.3
		32.5	34	0.9	60
		34	35.5	0.5	33.3
		35.5	37	0.4	26.7
		37	38	0.5	33.3

8.3.6　出水点注浆总结

(1) 110207 工作面 1 号联络巷未掘长度约为 18 m,前期施工的 7 个注浆钻孔沿巷道以扇形排列均匀布置,终孔位置平面距离约为 3 m;后期增加的 4 个钻孔。其中,DJ1-8、DJ1-9、DJ1-11 钻孔主要布置在顶板破坏较为严重的巷道开口处,兼做检验钻孔和补充注浆钻孔;DJ1-10 钻孔布置在巷道顶板相对完整的区域,检验注浆效果。

(2) 结合实际施工使用的钻机特点及钻场情况,前期施工的 7 个钻孔根据设计角度有序排列,其中倾角较小的钻孔开孔位置距离巷道底板 2 m,倾角较大的钻孔开孔位置距离巷道底板 2.5 m;后期施工的 4 个钻孔,受钻场空间位置影响按照施工目的选择合适的开孔位置进行开孔。

（3）巷道掘进过程中主要充水水源为 1～2 煤层间延安组含水层水，距离 2 煤层顶板 10.12 m；掘进过程支护方式主要为锚网喷支护，使用的锚杆规格为 $\phi20\times2\,500$ 左旋无纵筋锚杆，使用的锚索规格为 $\phi22\times7\,300$，充水通道为锚杆、锚索眼以及局部裂隙；影响巷道掘进的主要隐患为含水层的水通过充水通道软化巷道顶板泥岩，使巷道顶板失稳冒落。结合实际水文地质条件和巷道掘进方案，选择注浆钻孔终孔位置为巷道顶板以上 6～10 m，通过注浆有效封堵充水通道同时隔离顶板泥岩与砂岩含水层，以保持巷道顶板稳定性。

（4）第一试验段工程施工主要分为四个阶段：第一阶段施工 DJ1-1～DJ1-7 钻孔并进行反复扫孔注浆；第二阶段在 DJ1-7 钻孔左侧施工 DJ1-8、DJ1-9 钻孔，检验 DJ1-7 钻孔附近围岩情况及浆液扩散范围；第三阶段在 DJ1-1～DJ1-9 钻孔注浆结束候凝 14～20 天后，DJ1-3、DJ1-7、DJ1-8 钻孔在巷道顶板段取芯钻进，检验前期注浆效果并补充注浆；第四阶段在 DJ1-1～DJ1-9 钻孔补充注浆候凝 10 天后，施工 DJ1-10、DJ1-11 钻孔在巷道顶板段取芯钻进，检验本试验段注浆效果并补充注浆。

8.3.7　出水点注浆效果分析

本次施工主要目的为加固 110207 工作面 1 号联络巷巷道顶板，通过注浆有效治理已经发生漏顶的区域以及保障未掘进的 18 m 巷道在掘进期间免受水害威胁，施工总结如下：

（1）第一段试验段施工历时 53 天，施工注浆钻孔 7 个、检验钻孔 4 个，钻探工程量 502.5 m，取芯钻进 60.5 m，注水泥单液浆 105.41 m³，水灰比为 1∶0.8～1∶1.2，注双液浆 1.7 m³，注浆终压为 2 MPa。第一试验段施工效果明显，基本具备巷道掘进条件。

（2）DJ1-7 钻孔钻进至 28.5 m 钻孔涌水量为 120 m³/h，此处距离巷道顶板 5.5 m，与巷道掘进过程中锚索钻机钻进至 5.1 m 巷道顶板开始淋水相吻合，说明 DJ1-7 钻孔揭露局部发育裂隙，且 DJ1-7 钻孔单孔注浆量达到本次注浆工程的 57.78%，通过反复注浆 110207 工作面 1 号联络巷巷口已无淋水现象，初期形成的导水通道已得到完全封堵。

（3）DJ1-8 钻孔 2017 年 9 月 28 日取芯率极低，经过 14 天候凝之后取芯率明显增大，说明水泥浆液在复杂的地层中终凝时间远大于 24 h，在注浆施工过程中需适当延长浆液凝固时间，避免重复扫孔过程中浆液浪费；在注浆工程结束后巷道掘进之前留足浆液凝固时间。

（4）取芯钻孔巷道顶板部分取芯率均大于 60%，部分钻孔部分段取芯率低主要是由于泥岩遇水软化，受钻具扰动后泥化，软岩巷道顶板通过注水泥单液浆对局部裂隙封堵效果较明显,可以有效改善巷道顶板失稳漏顶现象。

8.4　11 采区 2 煤层巷道顶板注浆示范工程总结

11 采区 2 煤层 110207 首采工作面巷道在掘进过程中选取了三个典型集中涌水区域开展了顶板注浆示范(表 8-12),这三个区域顶板涌水量在 2～30 m³,涌水原因基本上都是锚索孔或局部发育裂隙沟通至 1～2 煤层间延安组含水层,局部区域顶板受到滴(淋)水的影响,出现下沉、浆皮开裂等现象,采取的措施主要为对局部发育的裂隙进行注浆封堵、加固,针对部分富水异常区施工泄水钻孔,将含水层的压力和水量进行释放。工程量包括钻探和注浆两部分,在钻孔施工过程中,钻孔水量达到了 60～120 m³/h,说明 1～2 煤层间延安组含水层富水性较强,与放水试验时钻孔水量大小基本一致。经过治理,三个区域基本无滴(淋)水,仅有区域三顶板淋水 2 m³/h 左右,水量消减率为 93.3%～100%,且巷道已安全掘进通过治理的三个区域。

表 8-12　顶板注浆示范工程情况一览表

区域	一	二	三
位置	110207 机-辅 1 号联络巷	110205 工作面带式输送机巷机头硐室	110207 风巷 F16 测点以北 230.5 m 处迎头
涌水量/(m³/h)	2	26	30
涌水原因	局部裂隙导通 1～2 煤层间延安组含水层	锚索孔、局部裂隙导通 1～2 煤层间延安组含水层	锚索孔、局部裂隙导通 1～2 煤层间延安组含水层
顶板情况	下沉、浆皮开裂,出现滴(淋)水现象	滴(淋)水	滴(淋)水量较大
采取措施	对裂隙发育区域进行注浆	通过泄水钻孔疏放局部顶板水,对裂隙发育区域进行注浆	对裂隙发育区域进行注浆
工程量	注浆钻孔 7 个,检验钻孔 4 个,钻探工程量 502.5 m,取芯 60.5 m	泄水钻孔 2 个,注浆钻孔 5 个,检验钻孔 1 个,钻探工程量 180 m,取芯 11.0 m	注浆钻孔 5 个,检验钻孔 1 个,试验钻孔 1 个,钻探工程量 181 m,取芯 9.0 m

表 8-12(续)

区域	一	二	三
注浆量	单液浆 105.41 m³,双液浆 1.7 m³	单液浆 88.1 m³,双液浆 7.9 m³	单液浆 55 m³,双液浆 6.6 m³
注浆压力/MPa	2	2、4、6	1.5、2
钻孔最大水量/(m³/h)	120	60	80
治理后水量/(m³/h)	0	0	2
治理后顶板	顶板完整,无滴(淋)水情况	顶板完整,无滴(淋)水情况	滴(淋)水量大幅减小

通过在三个出现集中滴(淋)水的区域进行工程示范,对 2 煤层巷道顶板实施了钻探和注浆工程,取得了较好的效果。根据现场注浆情况,在局部裂隙发育区域注浆量较大、注浆效果较好,对裂隙的封堵和淋水量的减小起到了明显的效果,顶板破碎区域及裂隙发育区域可以采用泄水+注浆+检验的方法,一方面可以对巷道掘进过程中的导水通道进行有效封堵,另一方面也对顶板进行了加固,有利于巷道的支护。

8.5 11 采区 2 煤层顶板覆岩物理性质测试

8.5.1 取样及测试内容

本次试验对钻孔内所取的砂岩、泥岩及注浆(以膨润土为主)后的砂岩试样进行扫描电镜、X 射线衍射、压汞、崩解性测试试验,研究测试试样微观结构、物质组成、孔隙性、崩解性等特性。

测试试样编号为:原始试样、2 号试样、3 号试样、4 号试样、5 号试样、6 号试样、7 号试样、8 号试样、9 号试样、泥岩试样,共 10 个,如图 8-26 所示。

试验具体方案如下:

(1) 扫描电镜试验

原始试样 1 组(2 个放大倍数),泥岩试样 1 组(2 个放大倍数),2 号试样(2 个放大倍数)、3 号试样(1 个放大倍数)、4 号试样(1 个放大倍数)、5 号试样(1 个放大倍数)各 1 组,共 9 组测试。

(2) 压汞试验

原始试样 1 组,泥岩试样 1 组,2 号、3 号、4 号、5 号试样各 1 组,共 6 组测试。不同浆液配比与不同注浆压力见表 8-13。

图 8-26　11 采区 2 煤层顶板岩样

表 8-13　不同浆液配比与不同注浆压力一览表

序号	水 /kg	膨润土 /kg	纯碱 /kg	纤维素 /kg	压力 /MPa	取芯段		备注
						自/m	至/m	
1	—	—	—	—	—	21	22	原始地层
2	500	50	3	0.3	2	22	23	
3	500	40	2.5	0.25	2	23	24	
4	500	30	2	0.2	2	24	25	
5	500	25	2	0.2	2	25	26	
6	500	50	3	0.3	1.5	26	27	
7	500	40	2.5	0.25	1.5	27	28	
8	500	30	2	0.2	1.5	28	29	
9	500	25	2	0.2	1.5	29	30	

（3）崩解试验

泥岩试样按照试样质量分为两组（样品质量 10 g 与 100 g），每组做一个平行试验，共 4 组测试。

（4）X 射线衍射测试试验

所有测试试样,共 10 组测试。扫描电镜试验所用仪器为环境扫描电子显微镜系统(FEI Quanta 400 FEG);崩解试验所用仪器为电子天平、滤网及水槽;压汞试验所用仪器为全自动压汞仪(AutoPore Ⅳ 9500 型);X 射线衍射试验仪器为多功能 X 射线衍射仪(理学 SmartLab 9 kW)。

8.5.2 泥岩崩解性测试试验

(1) 崩解性测试试验

选择无宏观裂隙的泥岩原状试样(圆柱或正方体)装入可透水的试样盒内,浸入水槽崩解,设定一定时间间隔,利用电子天平称量残余试样质量,经过崩解后的试样残余质量与试件总质量之比即为耐崩解指数,用来评价各个试样的崩解特性:

$$I = \frac{M_r}{M_t} \times 100\% \tag{8-1}$$

式中 I——耐崩解指数,%;

M_r——残留试样质量,g;

M_t——试样总质量,g。

(2) 试验方案

对泥岩试样进行崩解试验,每个试样做一个平行试验,采用两种质量试样进行崩解试验(样品质量 100 g 左右与 10 g 左右),测试试样崩解的时间效应、崩解总量、耐崩解性与试样质量的关系,测试时间间隔拟设置为 1 min,称量精度为 0.001 g。

通过对泥岩试样的耐崩解指数进行比较,可以对比分析不同试样的崩解性大小,得到测试泥岩试样耐崩解指数近似范围值。

(3) 试验结果分析

泥岩崩解试验按照试样尺寸(质量)设计了两组试验,每组 4 个试样。第一组平均质量为 101.61 g,第二组平均质量为 10.52 g,两组试样质量相差约 10 倍,如图 8-27 所示。试样崩解过程如图 8-28~图 8-30 所示。

通过试验,第一组试样耐崩解指数为 65.16%,测试试样有一定的崩解性,但崩解量较小(表 8-14、图 8-31);第二组试样耐崩解指数为 67.04%,测试试样有一定的崩解性,但崩解量较小(表 8-15、图 8-32)。

两组泥岩试样最终崩解量均小于原始质量的 40%,试样耐崩解指数范围为 62.06%~83.44%,有一定的崩解性,但耐崩解指数高、崩解性较弱,且性崩解总量受试样尺寸(质量)因素控制较弱。

图 8-27　不同尺寸崩解试样

图 8-28　崩解前测试试样

图 8-29　崩解初期测试试样

图 8-30   崩解末期测试试样

表 8-14   第一组试样耐崩解指数对比

试样编号	2	3	4	5
原始质量/g	103.58	99.29	98.47	105.11
崩解质量/g	32.87	37.67	19.90	18.96
残余质量/g	70.71	61.62	78.57	86.15
耐崩解指数/%	68.27	62.06	79.79	81.96

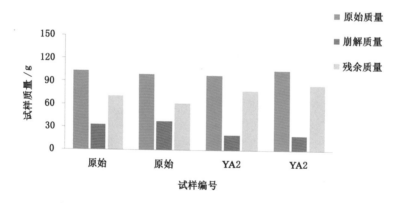

图 8-31   第一组试样崩解质量对比(平均质量 101.61 g)

表 8-15   第二组试样耐崩解指数对比

试样编号	2	3	4	5
原始质量/g	9.23	12.68	10.12	10.06
崩解质量/g	2.92	4.35	1.68	2.21
残余质量/g	6.31	8.33	8.44	7.85
耐崩解指数/%	68.36	65.72	83.44	78.07

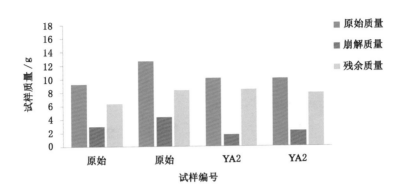

图 8-32   第二组试样崩解质量对比(平均质量 10.52 g)

通过对比图 8-33 及图 8-34,在试样放入水中的前 30 秒,崩解率较低,原因是在这段时间内水逐步进入试样的孔隙中,一部分空气被水包围在孔隙中,一部分空气被挤出,在试验过程中形成一些小气泡。随着试验进行,由于被封闭的孔隙或孔隙中的气体压缩导致了张应力的产生,使得试样沿着一些软弱部位产生裂隙,在试验 1~4 min 内,试样快速崩解,之后崩解速率降低,直至试验结束。

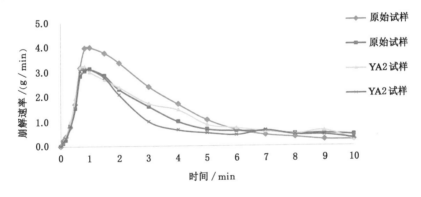

图 8-33   第一组试样速率对比(平均质量 101.61 g)

两组试样高速崩解均集中在试验开始后的 1~4 min 内,之后崩解速率降低,趋于稳定。通过两组试样对比,发现崩解速率受试样尺寸(质量)因素控制较弱。

8.5.3   覆岩矿物组成测试

(1) X 射线衍射试验

矿物成分测试分两个步骤:首先通过灼烧法(250 ℃)测定试样的有机质含量,然后将灼烧后的试样在 X 射线衍射仪上测定其他矿物成分。测试采用广角

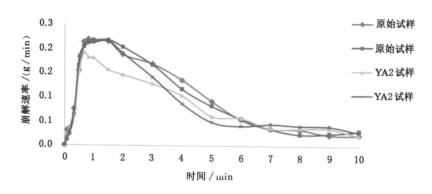

图 8-34　第二组试样崩解速率对比(平均质量 10.52 g)

逐步扫描法,测试参数为:电压 40 kV,电流 30 mA,扫描速度 2.000 0 (°)/min,扫描范围 4.000～95.000,样品倾斜 0.500°,调整时间 1.50 s。测试样品制备分为以下两个步骤:

① 研磨:用研钵将试样颗粒状固体(1～2 g)磨成粉末状(粒度小于 200 目)。

② 装样:将粉末状样品装入样品盘,用干净的玻璃片压盖,使样品表面平整。

(2) 试验结果分析

试样的 X 射线衍射结果图谱如图 8-35～图 8-44 所示。通过对 X 射线衍射结果图谱进行分析,得出了各试样的矿物成分及含量,见表 8-16。

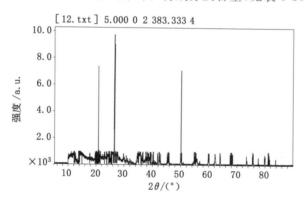

图 8-35　原始试样 XRD 衍射图谱

由 XRD 衍射图谱可以看出,测试试样化学成分以硅、铝为主,含量最多的是 SiO_2,其次还含有较多的 Al_2O_3、$CaCO_3$,另外还有少量的 Fe_2O_3、CaO、Na_2O 等。

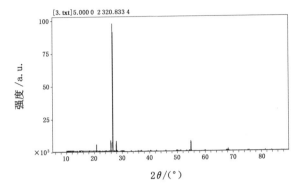

图 8-36　泥岩试样 XRD 衍射图谱

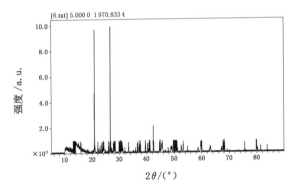

图 8-37　2 号试样 XRD 衍射图谱

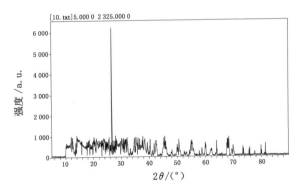

图 8-38　3 号试样 XRD 衍射图谱

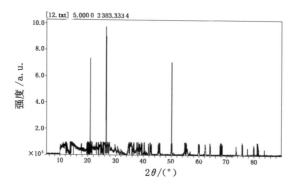

图 8-39　4 号试样 XRD 衍射图谱

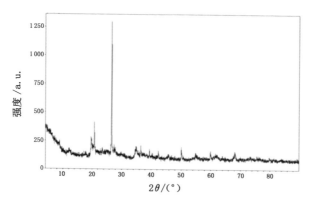

图 8-40　5 号试样 XRD 衍射图谱

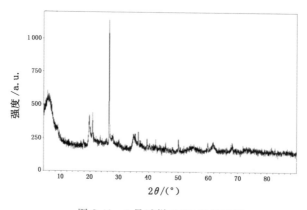

图 8-41　6 号试样 XRD 衍射图谱

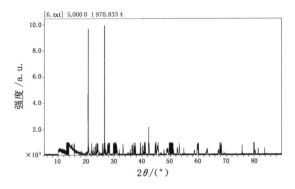

图 8-42　7 号试样 XRD 衍射图谱

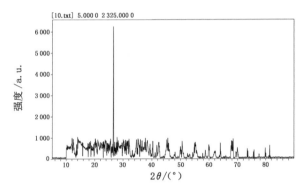

图 8-43　8 号试样 XRD 衍射图谱

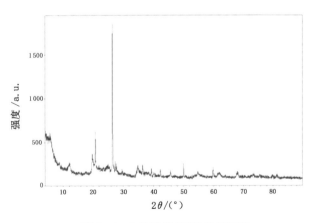

图 8-44　9 号试样 XRD 衍射图谱

表 8-16 测试试样物质成份组成

试样号	物质成分			
	石英/%	黏土矿物/%	长石、云母、方解石等/%	有机质/%
原始	77.7	13.2	7.9	1.2
2 号	76.7	17.1	5.8	0.4
3 号	80.7	15.1	4.1	0.1
4 号	73.5	19.8	6.3	1.4
5 号	77.9	15.1	6.7	0.3
6 号	81.3	14.3	4	0.4
7 号	78.7	15.7	4.9	0.7
8 号	75.3	15.6	8	1.1
9 号	75.4	16.1	7.2	1.3
泥岩	50.9	36.3	10.2	2.6

通过图谱比照分析,砂岩试样矿物成分主要为石英(平均含量 78.0%)和黏土矿物(平均含量 15.0%),其次含有长石、云母、方解石、菱铁矿等(平均含量 6.3%),试样都含有一定量的有机质,范围从 0.1% 至 2.6% 不等。

通过对测试试样黏土矿物含量对比可知(图 8-45),泥岩试样黏土矿物含量最高达到 36.3%;砂岩试样中,原始试样黏土矿物含量为 13.2%,2~9 号试样黏土矿物含量范围为 14.3%~19.8%,平均含量为 16.1%,相较原始试样,2~9 号试样黏土矿物含量有一定增加,应该是受到注浆(主要为膨润土)作用影响。

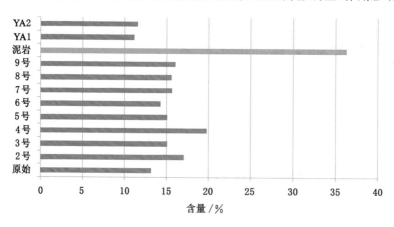

图 8-45 测试试样黏土矿物含量对比图

8.5.4　覆岩微观结构特征

（1）扫描电镜试验

扫描电镜是将具有一定能量的入射电子束轰击样品表面,电子与元素的原子核及外层电子发生单次或多次弹性与非弹性碰撞,一些电子被反射出样品表面,而其余的电子则渗入样品中,并被样品吸收。利用二次电子信号成像来观察样品的表面形态,即用极狭窄的电子束去扫描样品,通过电子束与样品的相互作用产生各种效应,其中主要是样品的二次电子发射。扫描电镜就是通过这些信号得到信息,用来观察材料的表面形貌,并获得相应材料的表面形貌和成分信息。因此需要被观察的样本表面导电,本次试验观测的试样主要为砂岩,其本身不具有导电的性质,需要对其表面喷金(图 8-46),喷金的每个金颗粒直径大约为 2～3 nm。

样品制备前需要经过预处理(图 8-47),其主要过程为分为:切片→磨样→无水乙醇中超声处理清除表面杂质→自然烘干 3 h。扫描电镜样品的制备在图片获取的过程中至关重要,样品制备的质量直接关乎获取图片的质量,甚至会影响分析的结果。扫描电镜与普通显微镜有明显的区别,扫描电镜观察样品制备较为简单,在不改变原样品形状的基础上可以直接观察样品的表面。

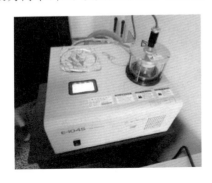

图 8-46　样品喷金前处理(喷金仪)

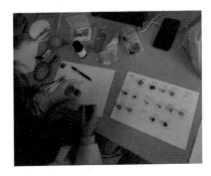

图 8-47　样品准备过程

试验开始后,在样品台上粘上少量的导电胶,用棉签粘取少量干燥的固体样品后涂在导电胶上,然后去除多余未粘在导电胶上的粉末。开启试样室进气阀控制开关放真空,将样品放在试样室后将试样室进气阀控制开关关闭抽真空。打开工作软件,加高压至 5 kV,将图像选区调为全屏。调节显示器对比度、亮度至适当位置,调节聚焦旋钮至图像清晰。放大图像选区至高倍状态,消去 X 方向和 Y 方向的像散。选择适当的扫描速率观察图像,根据要求进行观测和拍照。

（2）扫描电镜试验方案

原始试样 1 组（2 个放大倍数），泥岩试样 1 组（2 个放大倍数），2 号试样（2个放大倍数）、3 号试样（1 个放大倍数）、4 号试样（1 个放大倍数）、5 号试样（1 个放大倍数）各 1 组，共 10 组测试。

（3）试验结果分析

利用扫描电镜系统对试样进行试验，由于砂岩放大倍数太大时看到的是具体的某一个颗粒的表面，因此砂岩的放大倍数选择的是 400～6 000 倍，从而能够从宏观和微观两个方面对比测试试样的组成结构。

研究结果显示，泥岩试样具有较致密的结构，只有一些细小的凹陷，或者微细的裂痕；砂岩试样多有泥质胶结，部分层段为泥质和钙质混合胶结，具有块状结构，试样砂岩孔隙性较好，以中小孔隙为主。孔隙呈无序分布，几何形状多样且不规则，其面积和体积亦呈现不规则形状。通过电镜扫描可以观察到砂岩是由具有可比尺寸的砂晶粒的随机堆积而成，其石英晶粒的直径一般只有几百微米。这种类型的晶体颗粒形成在沉积过程中，在与其他矿物质一起沉积和成岩作用后，在高压作用下形成了具有多孔隙连通网络的复合结构，如图 8-48 所示。

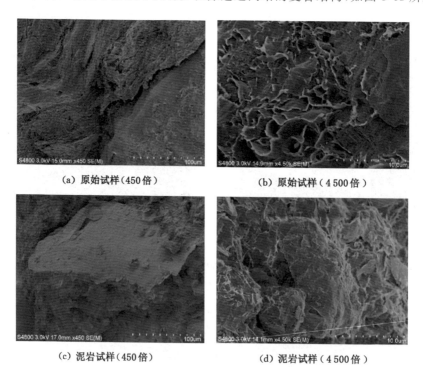

（a）原始试样（450 倍）　　　　　　（b）原始试样（4 500 倍）

（c）泥岩试样（450 倍）　　　　　　（d）泥岩试样（4 500 倍）

图 8-48　覆岩微观结构图（扫描电镜）

（e）2 号试样（600 倍）　　　　　　（f）2 号试样（6 000 倍）

（g）3 号试样（800 倍）　　　　　　（h）4 号试样（800 倍）

（i）5 号试样（800 倍）

图 8-48　（续）

8.5.5　覆岩孔隙度特征

（1）压汞试验

压汞试验主要测定试样孔径大小及分布。汞对一般固体不润湿,欲使汞进入孔隙需施加外压,汞压入的孔半径与所受外加压力成反比,外加压力越大,汞能进入的孔半径越小,进入孔隙的汞量也就越多。汞填充孔隙的顺序是先外部、后内部,先大孔、后中孔、再小孔。测量不同外压下进入孔中汞的量即可知相应孔大小。压汞仪使用压力最大约 200 MPa,可测孔范围为 0.006 4～50 μm(孔直径)。

(2)试验方案

原始试样 1 组,泥岩试样 1 组,2 号、3 号、4 号、5 号试样各 1 组,共 6 组测试。

(3)试验结果分析

压汞试验结果曲线如图 8-49～图 8-54 所示。

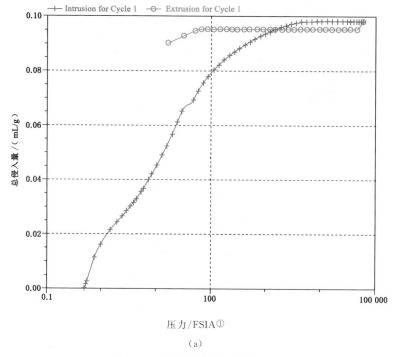

(a)

图 8-49 原始试样压汞曲线图

---

① PSIA(Pounds Per Square Inch Absolute),磅/平方英寸(绝对压力),压强单位,1 PSIA＝1 PSIG＋1 个大气压,PSIG 是表压。

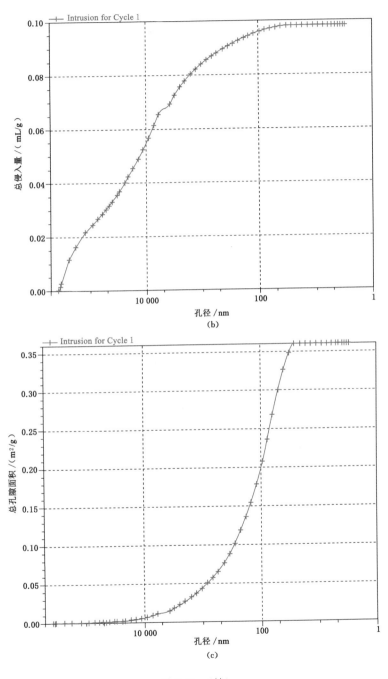

图 8-49 （续）

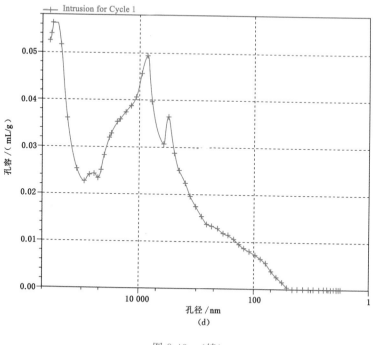

图 8-49 （续）

通过对曲线进行分析，可得出测试试样孔径特征数值，见表 8-17。

表 8-17 测试试样孔隙特征

项目	原始试样	2 号试样	3 号试样	4 号试样	5 号试样	泥岩试样
总侵入量/(mL/g)	0.098 2	0.079 8	0.076 5	0.077 5	0.073 6	0.028 3
总孔隙面积/(m²/g)	0.36	0.61	0.66	0.47	0.55	0.94
平均孔径(volume)/nm	13 852.24	6 943.69	6 846.35	7 931.53	7 715.26	60 791.81
平均孔径/nm	118.63	89.29	84.42	100.11	91.13	35.05
平均孔径(4V/A)/nm	1 091.84	706.37	463.77	763.17	515.25	120.65
孔隙率/%	19.81	16.53	15.71	16.11	15.15	6.24

通过表 8-17 可以看出，泥岩试样孔隙率最低，为 6.24%；砂岩原始试样孔隙率为 19.81%，2～5 号试样孔隙率值均小于原始试样，平均为 15.88%。测试结果与 XRD 测试结果相对应，注浆过程使原始地层中黏土矿物含量增加，并充填孔隙，使孔隙率降低，说明注浆对原始地层改变有一定的效果。

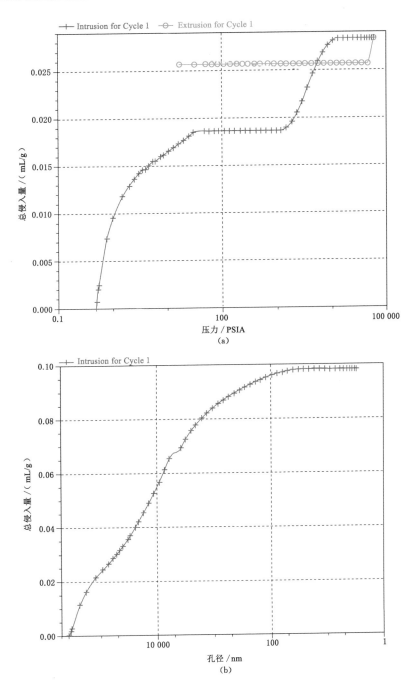

图 8-50　2 号试样压汞曲线图

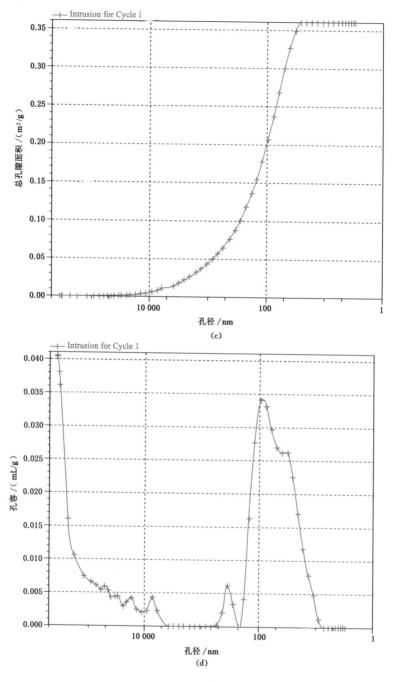

图 8-50 （续）

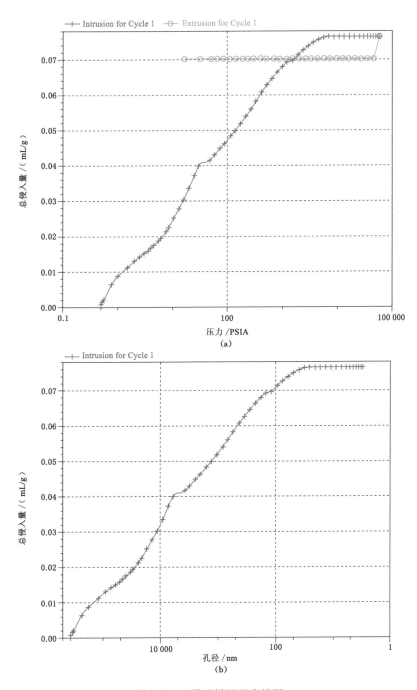

图 8-51　3 号试样压汞曲线图

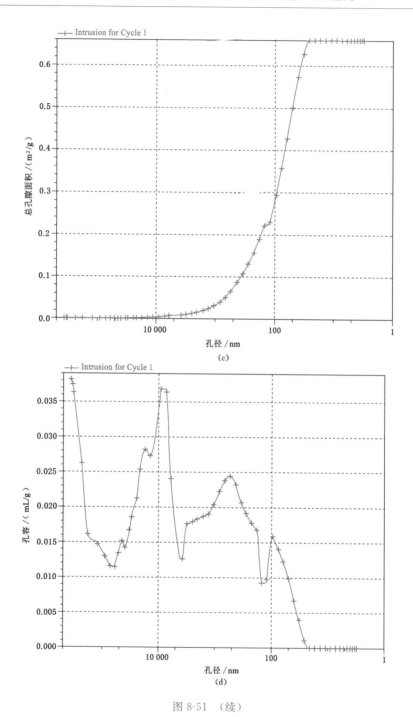

(c)

(d)

图 8-51 （续）

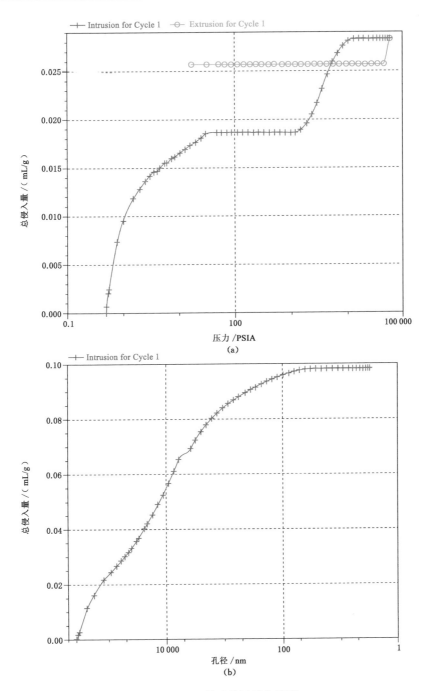

图 8-52　4 号试样压汞曲线图

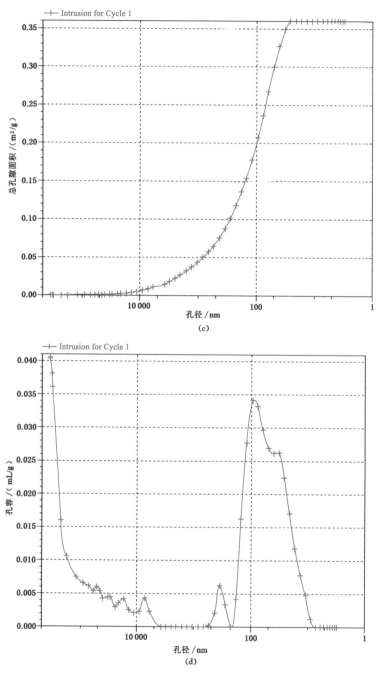

图 8-52 （续）

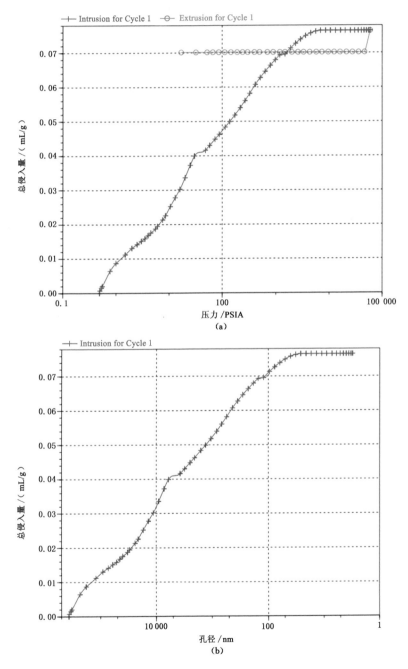

图 8-53　5 号试样压汞曲线图

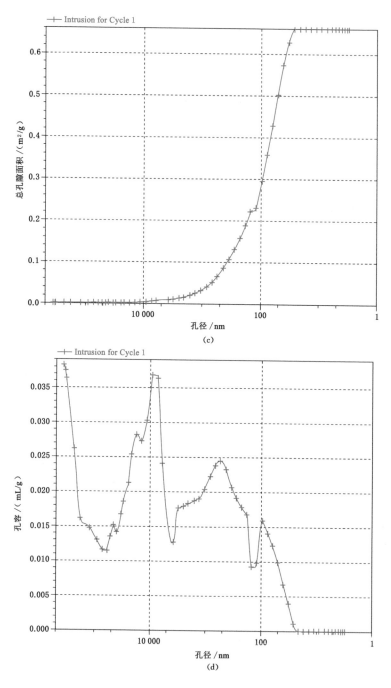

(c)

(d)

图 8-53 （续）

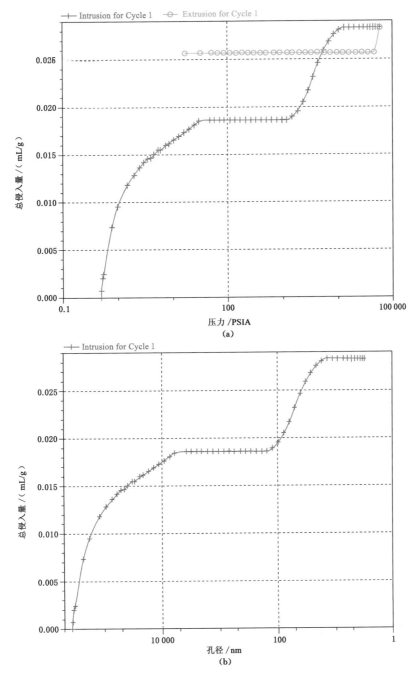

图 8-54　泥岩试样压汞曲线图

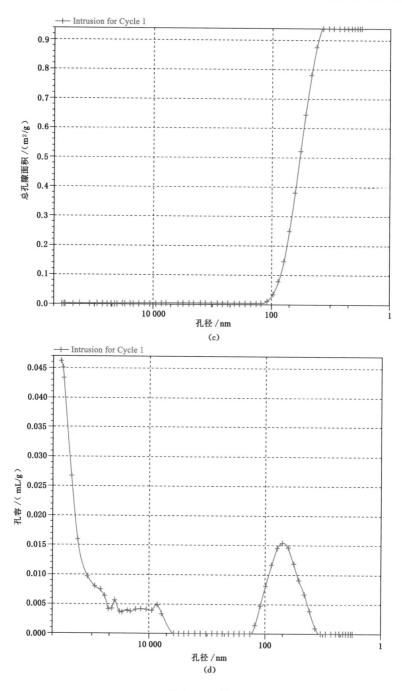

图 8-54 （续）

8.6　11 采区 2 煤层巷道掘进防治水方案

8.6.1　11 采区 2 煤层巷道掘进充水因素

（1）充水水源

110207 工作面巷道掘进阶段的主要充水水源为 1～2 煤层间延安组含水层和直罗组下段砂岩含水层，同时也有可能存在局部导水裂隙，当巷道揭露裂隙时，矿井涌水量有可能会随之增大。

（2）充水通道

巷道掘进期间矿井主要充水通道为巷道围岩松动裂隙，可能的充水通道主要为含（导）水构造和富水裂隙。

① 巷道围岩松动裂隙

根据圆形巷道围岩塑性区公式计算煤仓巷道顶板松动圈厚度。公式如下：

$$R_1 = R_0 \left[\frac{(\sigma_0 + c \cdot \cot \varphi)(1 - \sin \varphi)}{p_i + c \cdot \cot \varphi} \right]^{\frac{1 - \sin \varphi}{2 \sin \varphi}} \tag{8-2}$$

式中　R_1——围岩塑性带半径，m；

　　　R_0——巷道半径，m；

　　　σ_0——原岩应力，MN/m^2；

　　　φ——内摩擦角，(°)；

　　　c——黏聚力，MPa；

　　　p_i——支护阻力，MPa。

式（8-2）中参数取值情况如下：

井底巷道中巷道宽度为 5.0 m，故半径 R_0 为 2.5 m；原岩应力为地层容重与上覆地层厚度的乘积，约为 $0.027 \times 368 = 9.936$（MN/m^2）（地层容重根据麦垛山地质勘探报告中对岩石物理力学性质测试资料，取 0.027 MN/m^3）；参考麦垛山地质勘探资料，2 煤层顶板隔水层的最低摩擦角约为 29°；参考麦垛山地质勘探资料，黏聚力最低为 2.21 MPa；计算时不考虑支护条件，故 p_i 为 0。

计算结果见表 8-18。

表 8-18　2 煤层大巷顶板塑性区半径计算成果一览表

R_0/m	σ_0/(MN/m^2)	φ/(°)	c/MPa	p_i/MPa	R_1/m
2.5	9.936	29	2.21	0	3.42

松动圈厚度为塑性带半径减去巷道半径：3.42－2.5＝0.92（m）。由于采掘工艺不同,对巷道周围岩体破坏强度也会不同,因此,以上数值仅为参考数值。

巷道掘进引起围岩松动裂隙主要沟通的含水层为1～2煤层间延安组含水层。

② 含(导)水构造及富水裂隙

与矿井充水通道类似,当采掘活动周边存在构造,特别是存在正断层时,由于正断层的破碎带不仅是良好的储水空间,同时还是将上覆含水层水导入矿井的导水通道;个别逆断层由于采掘活动的扰动,会产生活化现象,也有可能因此成为导水通道。

（3）充水强度

根据11采区2煤层放水试验成果,放水期间FS0钻孔水量最大达到200 m³/h,G1钻孔水量最大达到240 m³/h,短时间内（6 h）水量稳定,钻孔单孔水量较大且难衰减,说明1～2煤层间延安组含水层富水性较强;根据FS0钻孔单孔放水试验,1～2煤层间延安组含水层渗透系数为1.741～2.511 m/d,影响半径为106.91～109.90 m;在3次1～2煤层间延安组含水层放水过程中,各放水钻孔水量较稳定,在观测时间内无衰减趋势,说明1～2煤层间延安组含水层受直罗组下段含水层大量补给;直罗组下段含水层水位下降幅度随着1～2煤层间延安组含水层放水孔水量增大而增大,其响应时间随放水孔水量增大而缩短,说明1～2煤层间延安组含水层与直罗组下段含水层水力联系密切;放水试验过程中1～2煤层间延安组含水层、直罗组下段含水层和两个含水层的混合水化学成分相似,说明两个含水层水力联系密切,且所放水量来源于同一水源。

在巷道开始掘进时,1～2煤层间延安组含水层水主要通过局部发育的裂隙进入巷道,在工作面中部巷道掘进时,1～2煤层间延安组含水层水除了通过局部发育的裂隙,还会通过锚杆和锚索进入巷道,在接近切眼附近,直罗组下段含水层水通过局部发育的裂隙进入巷道。无论是1～2煤层间延安组含水层还是直罗组下段含水层,由于其渗透性和富水性均较强,势必会造成巷道掘进期间涌水量较大,在局部裂隙发育或巷道顶板隔水层缺失的区域,可能会造成集中涌水事故。

8.6.2　11采区2煤层巷道掘进防治水方案

根据110207工作面与顶板含水层的空间位置关系,在巷道掘进过程中,1602～2002钻孔附近1～2煤层间延安组含水层是巷道掘进的主要充水水源,地下水主要通过局部发育裂隙、锚杆和锚索进入巷道,1302～1502钻孔附近由于1～2煤层间延安组含水层缺失,直罗组下段含水层的地下水可能通过局部发育裂隙进入掘进巷道。

由于1～2煤层间延安组含水层和直罗组下段含水层不仅渗透性和富水性

较强,同时具有较密切的水力联系,根据放水试验观测资料,当 FS0 和 G1 放水孔以 440 m³/h 放水时,FS1-2 观测孔水位降深最大(达到 5 m),且基本稳定,说明即使以较大流量对 1～2 煤层间含水层进行疏放,其水位也难以出现明显的下降,在巷道掘进前进行疏放水不具备可行性。在巷道掘进前只进行疏放水,一方面耗时较长,另一方面可能通过疏放水无法达到满足巷道掘进的水文地质条件,因此,在巷道掘进前采取对 1～2 煤层间延安组含水层注浆改造为主、局部区域疏放水为辅的防治水方案。

(1) 顶板含水层超前注浆改造

根据本项目对 11 采区 2 煤层 3 个区域的顶板注浆改造示范工程,只要当顶板存在局部发育裂隙时,钻孔注浆量较大,在顶板完整的区域注浆,其注浆量较小,并且在注浆压力下易对顶板造成破坏。对 11 采区 2 煤层巷道掘进过程中,如遇淋水较大的区域,首先需要判断导水通道是否为裂隙,然后再采取相应的防治水措施。如果裂隙导通 2 煤层巷道上覆 1～2 煤层间延安组含水层时,可以采取对裂隙进行注浆封堵和加固,必要时可以配合泄水钻孔对局部区域进行泄水降压。

(2) 局部疏水降压

对于改造后的 1～2 煤层间含水层,如果掘进巷道在局部区域淋水较大或者顶板直接隔水层较薄,则配合常规钻孔进行疏水降压。

(3) 长距离定向探放水

在 11 采区 2 煤层巷道掘进过程中,可以采取长距离定向钻探对巷道掘进前方顶板含水层富水异常区与构造进行探查,每隔 450～500 m 施工一个钻场,一个钻场施工一个钻孔,位于风巷正上方;机巷和辅运巷可以选在联络巷中施工钻场,每个钻场施工两个钻孔,分别位于机巷和辅运巷正上方。

(4) 巷道掘进期间的应急预案

由于 110207 工作面顶板 1～2 煤层间延安组含水层和直罗组下段含水层渗透性和富水性强、水力联系密切、水文地质条件复杂,在掘进前应编制相应的应急预案及制定避灾路线,并组织井下作业人员熟知和演练。

8.7　掘进巷道顶板含水层局部疏水降压

8.7.1　掘进巷道顶板含水层局部疏放水量变化

110207 工作面辅运巷掘进至 14 勘探线附近时,顶板较为破碎,滴(淋)水现场较为严重,在这个区域内施工了 FY13、FY14 和 FY15 三个钻场,其中 FY13 钻场施工了 1 个钻孔,FY14 和 FY15 钻场各施工了 6 个钻孔,钻孔的终孔层位为直罗组下段含水层,如图 8-55 所示。

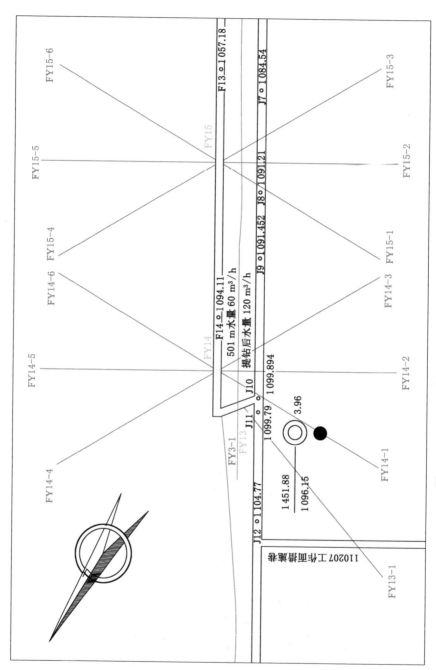

图 8-55 110207 工作面辅运巷 FY13、FY14 和 FY15 钻场平面位置图

FY14 和 FY15 钻场中 FY14-1、FY14-2 和 FY14-3 钻孔的水量统一观测，FY14-4、FY14-5 和 FY14-6 钻孔的水量统一观测，FY15 钻场各钻孔水量观测亦是如此。通过对 FY13、FY14 和 FY15 钻场各钻孔水量的历时变化曲线图进行分析，发现 110207 工作面辅运巷内侧钻孔水量较小，110207 工作面辅运巷外侧（110205 工作面内侧）钻孔水量较大，主要是由于 110207 工作面风巷和辅运巷均布置有长距离定向钻孔，已经对顶板含水层进行了疏水降压，故 110207 工作面顶板含水层已经得到了部分疏放。

由各钻孔水量历时变化曲线（图 8-56）可以看出，随着疏放时间的延长，各钻孔水量呈现出衰减的趋势。

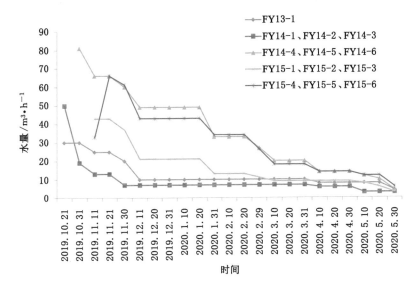

图 8-56　110207 工作面辅运巷部分钻场水量历时变化曲线图

8.7.2　掘进巷道顶板含水层局部疏放水压变化

为了更好地对巷道在掘进过程中顶板含水层的水位进行观测，在 110207 工作面风巷施工了两个直罗组下段含水层水位观测孔 G1 和 G2，如图 8-57 所示。

110207 工作面风巷中的 G1 和 G2 观测孔水压历时变化曲线如图 8-58 所示。由图 8-58 可以看出，随着掘进巷道 FY13、FY14 和 FY15 钻场各钻孔对直罗组下段含水层进行疏放水，G1 和 G2 观测孔的水压呈现出逐渐下降的趋势，说明巷道在掘进过程中对局部区域的疏水降压具有明显的效果。

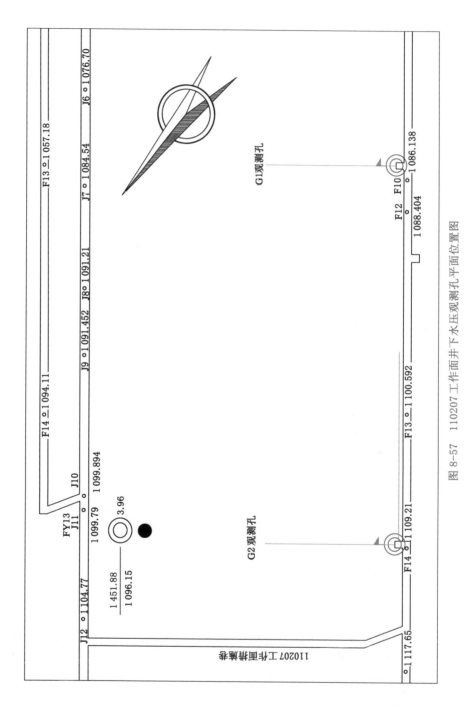

图 8-57 110207 工作面井下水压观测孔平面位置图

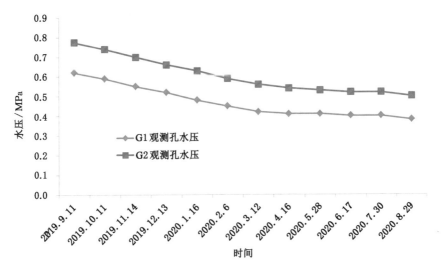

图 8-58　110207 工作面井下观测孔水压历时变化曲线图

8.8　掘进巷道顶板注浆锚杆＋U 型钢棚联合支护

8.8.1　巷道顶板锚杆注浆支护

　　注浆锚固技术在矿山和岩土工程中的应用日益广泛，特别是在软弱岩层支护中效果显著，其实质上是将锚固和注浆技术相结合，利用中空的锚杆、锚索兼做注浆管，在全长锚固的同时利用注浆材料改变围岩的性质，提高围岩的完整性和轻度，来达到稳定支护巷道的目的。

　　110207 工作面巷道在掘进至直接顶板隔水层较薄区域，采用高强度中空注浆锚杆与高性能锚杆相结合的组合控制方案。$\phi 25 \times 2\,500$ mm 中空注浆锚杆的间排距为 $1\,000$ mm $\times 1\,600$ mm，巷道顶部一排布置 5 个，$\phi 22 \times 2\,400$ mm 螺纹钢锚杆的间排距为 800 mm $\times 1\,600$ mm，锚杆采用全长锚固方式，安装后施加高预紧力，并辅以钢带及钢筋网，如图 8-59 所示。在不影响掘进作业的前提下尽快对锚杆注浆，注浆材料采用 P.O42.5R 水泥，加入水泥质量 8% 的添加剂，水灰比为 1：3。

8.8.2　巷道顶板 U 型钢棚支护

　　在掘进巷道的局部区域，由于顶板胶结性差，且淋水严重，直接采用钻孔和锚杆注浆会加剧顶板破碎，可以采用先行架设 U 型钢棚，然后再对顶板进行注浆改造、加固。U 型钢棚支护巷道剖面如图 8-60 所示，其中钢棚由 2 个

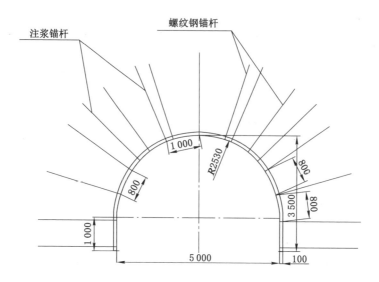

图 8-59　注浆锚杆支护巷道剖面图(单位:mm)

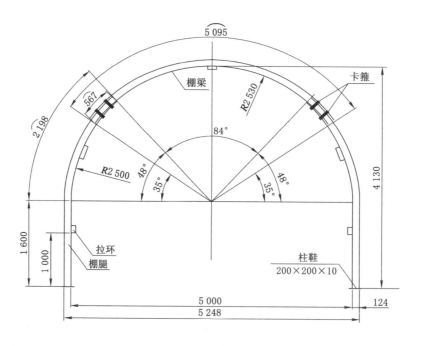

图 8-60　U 型钢棚支护巷道剖面图(单位:mm)

棚腿和 1 个棚梁、卡子和拉环等组成。拉环采用 25 号钢管制作,长 100 mm,焊接在棚腿上;拉杆采用 $\phi22$ mm 的螺纹钢锚杆制作,长 940 mm,插入拉环内 70 mm。U 型钢棚卡子采用 16 mm 钢板通过热压成型。每架钢棚的棚腿上用 10 mm 厚钢板焊接 200 mm×200 mm×10 mm 柱鞋,螺帽采用 M24 标准型号。

参 考 文 献

[1] 李超峰.彬长矿区巨厚洛河组垂向差异性研究[J].煤炭技术,2018,37(4)：131-133.

[2] 曹海东.煤层开采覆岩离层水体致灾机理与防控技术研究[D].北京：煤炭科学研究总院,2018.

[3] 李涛.陕北煤炭大规模开采含隔水层结构变异及水资源动态研究[D].徐州：中国矿业大学,2012.

[4] 李健,唐安祥.中梁山矿区 K1 煤层顶板涌水分析与治理[J].矿业安全与环保,2012,39(S1)：72-76.

[5] 代革联,陈通,靖伟伟,等.兖州矿区 3 号煤层顶板砂岩含水层水文地质特征研究[J].西安科技大学学报,2008,28(4)：668-673.

[6] 邵东梅.袁大滩煤矿首采区煤层顶板水文地质特征研究[J].煤炭技术,2015,34(7)：111-113.

[7] 黄欢.锦界煤矿顶板水疏放技术优化研究[D].北京：煤炭科学研究总院,2017.

[8] 赵宝峰,曹海东,马莲净,等.煤层顶板巨厚砂砾岩含水层可疏放性评价[J].矿业安全与环保,2018,45(4)：102-105.

[9] 刘基.顶板高承压含水层疏水降压可行性研究[J].煤炭工程,2016,48(11)：42-45.

[10] 赵宝峰,马莲净,王清虎,等.强富水弱胶结含水层下巷道掘进防治水技术[J].煤炭工程,2020,52(1)：44-48.

[11] 柯贤栋.强富水性砂岩含水层下煤仓施工防突水研究[J].煤炭工程,2018,50(7)：50-52.

[12] 王宝贤.任楼煤矿提高回采上限首采面突水溃砂原因分析[J].煤矿安全,2013,44(6)：189-192.

[13] 隋旺华,董青红.近松散层开采孔隙水压力变化及其对水砂突涌的前兆意义[J].岩石力学与工程学报,2008,27(9)：1908-1916.

[14] 赵新贤,王宏科.浅埋深薄基岩煤层过沟开采水害防治技术[J].陕西煤炭,

2015,34(4):84-86.

[15] 陈文涛,王绍坤,韩振国.灵东煤矿承压含水层下综放开采顶板水害防治措施[C]//全国煤矿复杂难采煤层开采技术,2012:246-254.

[16] 张玉军,康永华,刘秀娥.松软砂岩含水层下煤矿开采溃砂预测[J].煤炭学报,2006,31(4):429-432.

[17] 袁奇.近松散层煤层开采突水溃砂试验研究[D].徐州:中国矿业大学,2015.

[18] 张亚豪.野川煤业薄基岩区顶板突水溃砂防治研究[J].煤矿现代化,2020(2):77-79.

[19] 周振方,曹海东,朱明诚,等.水泥-水玻璃双液浆在工作面顶板突水溃砂治理中的应用[J].煤田地质与勘探,2018,46(6):121-127.

[20] 赵庆彪,马念杰,刘斯筠.注浆治理冲积层放顶煤综采工作面冒顶溃砂[J].煤矿安全,2002,33(10):33-35.

[21] 许家林,蔡东,傅昆岚.邻近松散承压含水层开采工作面压架机理与防治[J].煤炭学报,2007,32(12):1239-1243.

[22] 袁克阔,李雄伟,徐拴海,等.巨厚富水松散砂层溃砂灾害现状与注浆固沙技术研究及应用[J].水利与建筑工程学报,2017,15(4):32-38.

[23] 许延春,杜明泽,李江华,等.水压作用下防砂安全煤岩柱失稳机理及留设方法[J].煤炭学报,2017,42(2):328-334.